智能数据挖掘

——面向不确定数据的频繁模式

于晓梅　王红　著

清华大学出版社

北京

内 容 简 介

本书全面总结了不确定数据环境下频繁模式挖掘领域的主要研究成果，从数据模型、问题定义、常用算法等方面系统介绍不确定频繁项集挖掘、不确定序列模式挖掘、不确定频繁子图模式挖掘、不确定高效用项集挖掘和不确定加权频繁项集挖掘技术。重点针对两类典型的不确定数据，即概率数据和容错数据，进行概率频繁模式挖掘和近似频繁模式挖掘的研究，并应用于传统中医药数据环境下，从主观不确定性和客观不确定性两个方面提出相应的解决方案，实现基于不确定数据的高效频繁模式挖掘，并通过实验验证了它们的有效性和实用性。

本书主要面向对数据挖掘和机器学习感兴趣的科研人员和学生，特别适合从事不确定数据挖掘、频繁模式挖掘和关联规则发现以及相关研究领域的广大科技工作者和研究人员使用，也可以作为数据挖掘和机器学习相关课程的教学参考书。

图书在版编目(CIP)数据

智能数据挖掘：面向不确定数据的频繁模式/于晓梅，王红著．—北京：清华大学出版社，2018 (2019.10重印)
ISBN 978-7-302-49985-5

Ⅰ.①智…　Ⅱ.①于…　②王…　Ⅲ.①数据采集－研究　Ⅳ.①TP274

中国版本图书馆 CIP 数据核字(2018)第 069052 号

责任编辑：白立军　张爱华
封面设计：傅瑞学
责任校对：焦丽丽
责任印制：刘祎淼

出版发行：清华大学出版社
网　　址：http://www.tup.com.cn，http://www.wqbook.com
地　　址：北京清华大学学研大厦 A 座　　**邮　　编**：100084
社 总 机：010-62770175　　**邮　　购**：010-62786544
投稿与读者服务：010-62776969，c-service@tup.tsinghua.edu.cn
质量反馈：010-62772015，zhiliang@tup.tsinghua.edu.cn
课件下载：http://www.tup.com.cn，010-62795954
印 装 者：三河市铭诚印务有限公司
经　　销：全国新华书店
开　　本：185mm×230mm　　**印　　张**：11　　**字　　数**：180 千字
版　　次：2018 年 6 月第 1 版　　**印　　次**：2019 年10月第3次印刷
定　　价：49.00 元

产品编号：078229-01

本书得到国家自然科学基金(No. 61672329，No. 61373149，No. 61773246)的资助

This monograph was sponsored by National Natural Science Foundation of China（No. 61672329，No. 61373149，No. 61773246）

本书得到国家自然科学基金(No. 61672329, No. 61373149, No. 61773246)的资助

This monograph was sponsored by National Natural Science Foundation of China (No. 61672329, No. 61373149 and No. 61773246)

前言

大数据时代悄然到来，数据挖掘技术正面临着前所未有的机遇和挑战。作为数据挖掘领域的重要研究课题，频繁模式挖掘和关联规则发现受到持续而广泛的关注，并且涌现大量经典理论、高效算法和新兴应用领域。挖掘频繁项集是关联规则发现中的关键技术和步骤，其决定了关联规则发现过程的总体性能，目前已广泛应用于市场销售、文本挖掘和公众健康等领域。

在实际应用中，由于技术手段有限、测量设备误差、通信开销限制和用户隐私保护等诸多因素的影响，获得的原始数据往往存在不确定性。同时，受到主客观条件的限制，频繁模式挖掘过程中也会带来一系列的不确定性，这些不确定性在挖掘过程中不断传播和积累，可能导致挖掘出的知识与真实结果之间存在较大误差甚至毫无意义。传统的挖掘方法未将这些因素考虑进去，只简单地认为挖掘出的知识一般都是有用的和确定的，致使传统的频繁模式挖掘方法在处理不确定数据时面临着得到的挖掘结果异常却难以解释的窘态。这显然是不科学和不妥当的。因此，针对不确定频繁模式挖掘的研究显得尤为重要，并日益受到广大研究人员的关注。

本书主要针对两类典型的不确定数据(即概率数据和容错数据)进行概率频繁模式挖掘和近似频繁模式挖掘的研究，并应用在中医药诊疗数据环境下，实现基于不确定数据的高效频繁模式挖掘。

本书的主要工作和成果总结如下。

(1) 研究了实际应用中常见的各种不确定数据，分析了数据不确定性产生的原因。综述了目前常用的不确定数据模型和主要的不确定频繁模式挖掘算法，包括不确定频繁项集挖掘、不确定序列模式挖掘、不确定频繁子图挖掘、不确定高效用项集挖掘和不确定加权频繁项集挖掘技术，总结了各种不确定频繁模式挖掘技术的优缺点，并指出未来可能的发展方向。

(2) 针对概率数据中垂直格式的数据表示形式,提出一种基于 Eclat 框架的概率频繁项集精确挖掘算法(UBEclat)。首先,对于采用垂直数据格式的概率数据,设计了一种适用于 Eclat 框架,旨在提高算法执行效率的双向排序策略;然后,基于概率频度的定义,提出采用分而治之方法的概率频繁项集精确挖掘算法。在基准数据集和真实数据集上的对比实验表明,UBEclat 算法能够依据支持度的概率分布,准确挖掘出所有概率频繁项集。这为有效解决概率频繁项集的精确挖掘问题提供了新的思路。

(3) 针对概率频繁项集精确挖掘算法执行效率较低、运行时间过长的问题,基于概率数据的可能性理论,提出一种高效的概率频繁项集近似挖掘算法(NDUEclat)。结合 Eclat 框架和近似方法的优势,NDUEclat 算法采用分而治之的方法,应用大数定律优化挖掘过程,改进了频繁项集挖掘的效率。在基准数据集和真实数据集上的多组对比实验也验证了该算法具有良好的挖掘性能。目前,这也是第一个基于支持度的概率分布,在垂直数据格式的概率数据中高效挖掘不确定频繁项集的近似算法。

(4) 针对 NP-hard 类的容错频繁模式挖掘问题,提出一种将容错数据库映射为事务信息系统、基于粗糙集理论挖掘近似频繁模式的新方法。依据挖掘出的频繁项目确定决策表中的决策属性;基于粗糙集理论中上近似和下近似概念,确定近似频繁模式的匹配程度。在基准数据集和真实数据集上进行的对比实验证实了该方法在挖掘的准确率指标上,比以往方法有更好的性能表现。显然,基于粗糙集理论的近似挖掘方法为有效提高近似频繁模式挖掘的准确性和适用性提供了新的思路。

(5) 以减少敏感参数设置的影响、提高挖掘效率的同时保证实际挖掘结果的可用性为目的,研究了基于容错数据的粗糙集理论,提出一种挖掘近似频繁闭模式的新模型。新模型主要由三部分组成:用聚类算法完成数据预处理;对同一类中的事务依据粗糙集理论进行属性约简生成核模式;将核模式作为初始种子构建等价类,用分而治之的方法挖掘近似频繁闭模式。传统中医药数据集的实验结果表明,该模型可以更精准地表达近似频繁模式,有利于实现基于中医诊疗应用的知识发现。

综上所述,本书针对概率数据中如何提高频繁模式挖掘的效率、如何屏蔽容错数据中因数据表达不准确而对挖掘结果造成的影响,以及如何确定容错率以获得有意义的挖掘结果等问题,从数据库的特点和数据的表示方式、模式挖掘的类型、具体挖掘技术的选择等几个不同的角度提出相应的解决方案，并通过实验验证了它们的有效性。本书的工作可以为今后面向不确定数据的频繁模式挖掘研究提供帮助。

本书是作者在密切跟踪该技术领域研究成果的基础上总结而成，是一本全面论述不确定频繁模式挖掘方法的著作。本书图文并茂，深入浅出，可读性强，并将理论与实践有机结合，以期为读者进一步学习、研究和应用打下基础。不确定频繁模式挖掘是一个复杂的热点问题，本书在撰写的过程中参考了大量国内外相关文献，直接引用的有数百篇。在此，向相关作者表示衷心的感谢。

本书的出版得到国家自然科学基金(No. 61672329，No. 61373149，No. 61773246)的资助。另外，本书的编写还得到山东师范大学郑向伟教授、山东中医药大学附属医院阎小燕教授的大力支持，在此对这些教授的鼓励和帮助表示衷心的感谢。

本书即将出版之际，特别感谢山东师范大学、山东中医药大学附属医院的相关专家和学者提出的宝贵意见，感谢清华大学出版社的编辑为本书的顺利出版而付出的辛勤劳动。

限于作者的学识水平，书中不妥之处在所难免，恳请广大读者不吝赐教。

作　者

2018 年 4 月于济南

目　录

第1章 不确定频繁模式挖掘概述

1.1 不确定数据挖掘

1989年举行的第十一届国际联合人工智能学术会议上，Gregory Piatetsky-Sharpiro正式提出知识发现（Knowledge Discovery in Database，KDD）和数据挖掘（Data Mining，DM）的概念。数据挖掘作为知识发现过程的基本步骤[1]，是指应用各种算法从大量的、不完全的、有噪声的、模糊的、随机的数据库中提取隐含在其中的、人们事先不知道的但又是潜在有用的普遍数据特征，发现隐含在数据库中的、用户感兴趣的信息和知识的过程。其目的是帮助决策者分析历史数据和当前数据，搜寻复杂数据中隐藏的规则、概念、关系、模式和规律等。数据挖掘广泛应用在信息管理、查询优化、决策支持、过程控制等领域，还可以用于数据自身的维护。

随着数据获取手段的自动化程度不断提高，人们得到的数据量呈指数级增长，致使现有的数据分析处理工具在能力上明显不足，决策者急需高效的分析处理工具从海量数据中提取出有价值的信息，摆脱"数据丰富，信息贫乏"的尴尬局面。因此，数据挖掘成为信息领域的一个重要研究课题[2]。

目前，越来越多的证据显示，客观世界中绝大部分现象是不确定的。随着不确定性研究的深入，世界的不确定性特征得到学术界的普遍认可。实际上，所谓确定的、规则的现象，只是在一定前提和特定边界条件下的显现，只能在局部或者较短的时间内存在。因此，进入21世纪后，不确定性问题的研究得到越来越多的关注。

不确定数据广泛出现在各种应用领域，如传感器网络、RFID应用、数据集成、隐私保护、Web应用等。原始数据中产生不确定性的原因可以归结为如下两种情况。一种情况是由于客观条件限制而产生不确定数据。因为技术手段有限、测量设备误差以及通信开销等诸多要素的影响，可以获得的原始数据中往往包含着噪声或错误。这些噪声或错误数据的规律性弱,可预测性差,甚至可有可无。于是人们可能会使用概率值来描述数据取值的多种可能或数据测量值的准确程度[3,4]。这就引入了不确定数据。另一种情况是因为主观条件的影响造成数据产生不确定性。有时是顾虑用户隐私保护的需求而进行人为的数据扰动,有时是对真实情况没有十足的把握,需要引入概率值来描述对当前数据的多种解释或多种可能,从而造成了数据不确定性的普遍存在。

与传统确定数据的表示方式不同,不确定数据的特点是每个数据对象不是单个数据点,而是按照概率在多个数据点上出现。显然,数据的不确定性对挖掘结果产生了不可忽视的影响。传统的针对确定数据的挖掘算法已经不能满足现实应用的迫切需求,因此专门针对不确定数据挖掘技术的研究工作十分必要。近年来,不确定数据挖掘问题成为重要的研究热点。

不确定数据挖掘是现有数据处理技术在不断发展过程中面临的新课题[5]。目前,关于不确定数据挖掘技术的研究包括分类、聚类、频繁模式挖掘、关联规则发现、异常检测等[6]。在这些不确定数据挖掘技术中,频繁模式挖掘作为关联规则发现的关键步骤,对任务完成的成功和实现效率起着举足轻重的作用;关联规则发现/频繁模式挖掘也可以用于解决聚类或分类问题,完成关联聚类或关联分类任务;游离于频繁模式之外的罕见模式本质上可以看作是异常对象,因此异常检测问题又可以看作关联规则发现/频繁模式挖掘问题的对偶问题,基于逆向频繁模式挖掘思想发现异常模式也是解决异常检测问题的有效方案。基于上述几种不确定数据挖掘任务之间的密切联系和频繁模式挖掘技术的基础性作用,面向不确定数据的频繁模式挖掘技术研究成为目前最重要的研究课题之一。因此,在本书后面的章节中,主要任务是研究能够满足实际应用需求的不确定频繁模式挖掘问题。

1.2 不确定频繁模式挖掘研究背景

频繁模式挖掘问题是数据挖掘领域中被广泛研究的问题之一。长期以来,以牛顿理论为代表的确定性科学,创造了对客观世界进行精确描绘的方法。在此基础上,传统的数据库应用认为数据的存在性和精确性确凿无疑。因此,传统的频繁模式挖掘技术依靠支持度作为项集出现频繁程度的唯一度量。当一个项集的支持度达不到最小支持度阈值，这个项集就被丢弃。然而，在实际应用中，当数据受到噪声、错误等不确定因素影响时，传统的频繁模式挖掘方法面临着巨大挑战。

作为数据挖掘的重要技术，针对不确定数据的频繁模式挖掘和关联规则发现因其固有的优势受到研究人员的青睐[7,8]，目前已广泛应用于市场销售、文本挖掘、公众健康等领域[9,10]。其中，面向不确定数据的频繁模式挖掘研究在医学诊断与生物信息学领域的应用受到科研工作者的格外关注[11,12]。例如，在医学诊断中，根据患者描述的病情，医生很难 100％确诊，因而常常以一定的概率推断病人患有不同疾病的可能性。特别是在中医学证候分析、药物配伍规律分析等研究中[13,14]，源于中医学辩证诊疗的行业特点，其中隐含的不确定性也更为明显[15]。若使用传统的频繁模式挖掘方法处理这些不确定数据，经常面临着得到的挖掘结果异常并难以解释的窘态。现实世界中的海量数据日新月异，它们在产生过程中伴随着大量的噪声、丢失值、错误和不一致等不确定性问题。由于实际应用中收集、累积的不确定数据快速增长，分析和管理如此大量的复杂数据已经成为极大的技术挑战。

国内外许多研究人员和组织机构对数据挖掘，特别是针对特定数据的频繁模式挖掘及其相关问题有着浓厚的兴趣。例如，从 1997 年开始，ACM 数据挖掘及知识发现专委会(SIGKDD)每年主办一次国际知识发现和数据挖掘竞赛(KDD Cup)[16]。该竞赛已经成为数据挖掘领域的国际顶级赛事。KDD Cup 历年的比赛题目取自不同的数据领域，并具有很强的应用背景。作为公认的数据处理领域最高水平的赛事之一，历年竞赛中所用的数据也成为数据挖掘从业者开展科研和进行开发的良好训练数据。此外，著名的数据挖掘会议，如 SIGKDD、ICDM、SDM、EDBT 等也经常收录关于频繁模式挖掘理论及应用方面的研究成果，其他如 SIGMOD、VLDB、ICDE 等数据库类会议也有专门的数据挖掘分会针对频繁模式挖掘展开讨论。而且，著名的数据挖掘专家韩家炜教授及其一众弟子，至今一直引领着国内外学者致力于频繁模式挖掘及关联规则发现的相关研究与应用。

图 1.1 和图 1.2 显示了近十年来在 Elsevier 电子数据库上发表的关于“不确定频繁模式”和“不确定数据挖掘”论文的统计数据。从两图中可以看到不确定频繁模式挖掘研究的发展趋势：随着大数据研究的持续升温，新问题、新技术不断涌现，大数据挖掘和不

确定频繁模式挖掘的研究也有逐步上升的趋势。

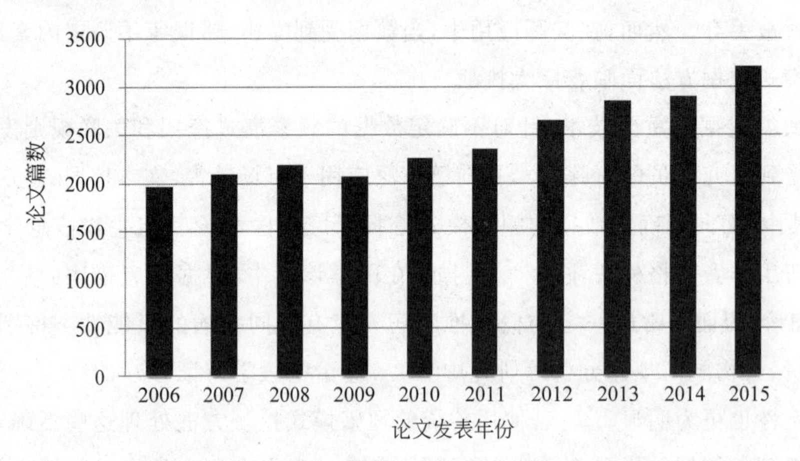

图 1.1 Elsevier 电子数据库近十年“不确定频繁模式”论文的发表趋势

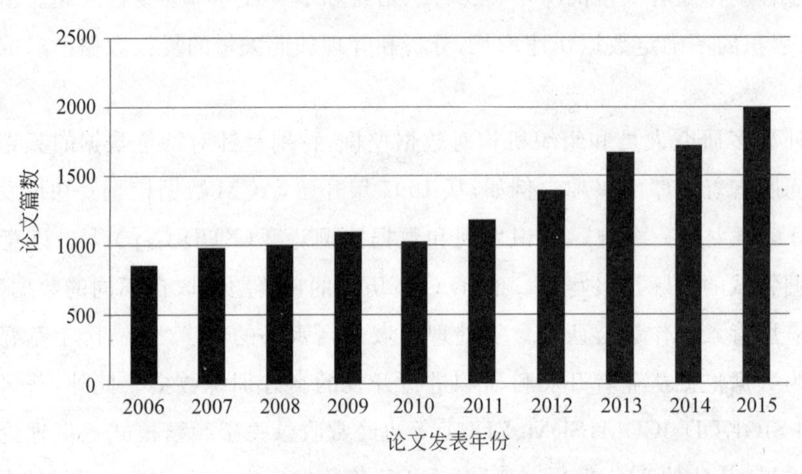

图 1.2 Elsevier 电子数据库近十年“不确定数据挖掘”论文的发表趋势

当前的科研成果显示，在不确定数据环境下，若使用传统的频繁模式挖掘方法实施挖掘任务，得到的往往是大量的无实际意义的频繁模式片段，而无法发现潜在的真正有用的长频繁模式，导致挖掘出的知识存在较大偏差甚至毫无意义[17]。为了正确、高效地处理由于客观原因导致的数据不确定性，科研工作者引入和发展了容错频繁模式挖掘技术；为了解决由于主观因素造成的数据不确定性问题，针对不确定数据的频繁模式挖掘技术应运而生。除了由于原始数据中的不确定性描述而引入的不确定数据问题，数据挖掘过程中也会带来一系列的不确定性，这些不确定性在数据挖掘过程中会不断传播和积累。若使用传统的频繁模式挖掘方法，人们无法预测挖掘结果的正确程度，只能简单地认为挖掘出的知识都是有用的和确定的。这显然是不科学和不妥当的[18]。

综合数据中存在不确定性的可能原因，大致可以归结为两种情况：主观原因引入的不确定性和客观原因导致的不确定性。本书主要针对上述两类典型的不确定数据展开研究，探索概率频繁模式挖掘和容错频繁模式挖掘技术，为进一步的关联规则发现提供依据。

1.3　相关工作

理论研究和实际应用中所说的频繁模式，通常是指以较高频率出现在数据库中的项目集合、子序列或子结构，这里的较高频率是指该模式在数据中出现的频率不小于用户指定的最小支持度阈值(min_sup①)。挖掘频繁模式是数据挖掘领域的研究热点之一。从指定数据中挖掘出的频繁模式大致分为以下几类：完整的频繁项集、频繁闭项集、最大频繁项集、Top-k 频繁模式和近似频繁模式等。这里，挖掘完整的频繁项集是最基本的方法。其他四类频繁模式是完整频繁项集的压缩版本。其中，频繁闭项集是频繁项集的无损压缩集合，而最大频繁项集、Top-k 频繁模式和近似频繁模式都是频繁项集的有损压缩集合。

实际上，挖掘频繁项集的完全集合是一项非常耗费时间和空间资源的大工程，特别是当面对稠密数据库时，挖掘出的频繁项集数目巨大，这对计算机性能是严峻的考验。因此，在许多实际应用中，人们更倾向于挖掘出全部频繁项集的子集或频繁项集的近似集合。为了进一步减少挖掘结果中产生的频繁模式数量，只显示高质量的频繁模式，常常将需要挖掘的频繁模式进一步精简和压缩，得到 Top-k 频繁闭项集[19]、Top-k 近似频繁模

---

① min_sup：在传统数据库中，min_sup 通常指绝对支持度阈值，取值为正整数($1\leqslant \text{min\_sup}\leqslant N$)。

式[20]、近似频繁闭模式[21]等。

下面分类介绍各种具有代表性的频繁模式挖掘技术。

1.3.1 完整的频繁项集挖掘

1993年，Agrawal等首先提出了传统数据集中的频繁模式挖掘问题[22]。二十多年来，国内外科研人员在此领域进行了深入研究，提出了各种算法和策略[23-27]。这些算法总是基于如下假设：要研究的数据是确定的，并且只要待考虑的数据库中，项集的支持度不小于给定的最小支持度阈值，这个项集就是频繁的。

频繁项集[2]　给定事务数据库 $D=(T,I)$，其中 $I=\{i_1,i_2,\cdots,i_{\max}\}$ 是所有项目的集合，$T=\{t_1,t_2,\cdots t_i,\cdots,t_N\}$ 是所有事务的集合。每个事务 t_i 包含的项目集合一定是 I 的子集，即若 $X\subseteq T$，则 X 是一个项集。如果一个项集包含 k 个项目，则称为 k-项集。空集是不包含任何项目的集合。项集的一个重要性质是它的支持度，即所有事务中包含特定项集的数目。在数学上，项集 X 的支持度 sup(X)可以表示为

$$\sup(X)=|\{t_i \mid X\subseteq t_i, t_i\in T\}| \tag{1.1}$$

如果某项集的支持度不低于最小支持度阈值 min_sup，则称该项集为频繁项集。给定最小支持度阈值，频繁项集挖掘的任务就是找出待考虑数据集上支持度不低于 min_sup 的所有项集。

经典的频繁项集挖掘算法主要包括 Apriori[23]、FP-growth[25] 和 Eclat[26] 算法，其他算法大多可以归类为这三种经典算法的变种。

在传统的频繁项集挖掘算法中，第一步操作几乎都是相同的，即首先扫描事务数据库，计算每个项目的支持度并与最小支持度阈值比较，发现频繁项目(也称为单元素频繁项集)的同时去除非频繁项目。接下来，Apriori、FP-growth 和 Eclat 算法都采用自底向上的方式完成搜索空间的遍历。因为目前的研究成果证明，在挖掘完整的频繁项集时，自底向上的搜索算法比自顶向下或自中间向两端的搜索方法更有效。同时，三种经典的频繁项集挖掘算法都会使用 Apriori 先验性质(也称为反单调性)缩小搜索空间，提高挖掘效率。

Apriori 先验性质[28] 如果一个项集是频繁的，则它的所有子集一定也是频繁的。因为

如果项集 I 不满足最小支持度阈值 min_sup，则 I 不是频繁的，即 $\sup(I)<$ min_sup。将项集 X 添加到项集 I 后，得到的项集 $I\cup X$ 不可能比 I 更频繁。因此，$I\cup X$ 也不是频繁的，即 $\sup(I\cup X)<$ min_sup。所以，非频繁项集的超集也不是频繁的。

除了具有上述共同点之外，Apriori、FP-growth 和 Eclat 算法的搜索过程存在明显区别。

(1) Apriori 算法是一个宽度优先、逐层搜索的迭代算法。第 k 次迭代就是搜索($k+1$)-频繁项集的过程。而 Eclat 和 FP-growth 算法则是深度优先的递归算法。给定两个具有($k-1$)公共前缀的 k-频繁项集，通过添加一个项目作为后缀扩展得到($k+1$)-候选项集，经过层层递归确定所有的($k+1$)-频繁项集。

(2) Apriori 算法中候选项集的定义与 Eclat 和 FP-growth 算法中的定义不同。在 Apriori 算法中第 k 次迭代时，候选项集范围划定为到目前为止发现的频繁项集的反例边界。而在 Eclat 和 FP-growth 算法中，第 k 次递归时，候选项集则是按既定顺序排列的反例边界的子集，其元素拥有长度为 $k-1$ 的共同前缀。因此，Eclat 和 FP-growth 算法的搜索空间得到缩减。然而，在某些特定情况下，也有研究表明 Eclat 和 FP-growth 算法中产生的候选项集数目不一定少于 Apriori 算法中候选项集的数目。

(3) 使用 Apriori 和 FP-growth 算法的数据库采用水平数据格式，而使用 Eclat 算法的数据库采用垂直数据格式。也就是说，在第一遍扫描数据库找出频繁项目之后，若使用 Eclat 算法，则需要将数据库转换为垂直数据格式，实际上，这一数据转换操作耗费的计算机资源微乎其微。

目前，基于 Apriori 的改进算法主要考虑减少数据库的扫描次数、产生尽可能少的候选项集以达到提高挖掘效率、减少存储空间占用的目的。而 FP-growth 改进算法则主要考虑减少构建 FP-tree 的空间消耗，尽可能地节省内存。Eclat 算法的改进主要针对项集连接和比较过程耗时较长、交叉计数效率较低，以及算法需要搜索的内存空间较大等问题。

由于传统的 Eclat 算法采用循环结构实现支持度计数，需要依次比较两个事务列表中的各个项目并实现交操作，从而导致算法的时间复杂度随事务规模的增大而成倍增长，最终影响了算法的执行效率。

针对Eclat算法存在的问题,国内外都出现了一些改进算法。文献[29]提出的Hybridset+算法结合Eclat和Diffset算法分别善于处理稀疏和稠密数据集的优点,充分利用频繁项集的相关信息减少候选项集支持度计算阶段的时间开销;张玉芳等[30]结合划分思想并突出基于概率的先验约束方法,将事务划分为多个非重叠部分,对每一部分分别运行Eclat算法,减少了比较次数;熊忠阳等[31]将散列表与布尔矩阵相结合,提出了基于散列布尔矩阵的Eclat改进算法,通过提高交集操作的执行效率,加快频繁项集的产生过程;傅向华等[32]用二进制数组存储项目到事务的倒排索引,通过位运算获得项目的支持度,并采用深度优先搜索递归挖掘k-频繁项集,提高了候选项集生成以及支持度计数的效率;冯培恩等[33]提出一系列策略改进Eclat算法的执行效率,包括将后缀相同的项集归为同一等价类以充分剪枝、引入双层哈希表加快搜索候选项集子集的速度、采用项集集合划分链表以减少项集连接操作的比较判断,以及设置事务标识失去阈值以加快交叉计数的速度等。

1.3.2 频繁闭项集挖掘

频繁项集的完全集合中包含的元素过多,冗余现象严重,导致传统的频繁项集挖掘算法时空复杂度较高,而频繁闭项集既能唯一确定相应的频繁项集又将挖掘结果的数据规模缩小很多。因此,在实际应用中,从给定事务数据库中挖掘相应的频繁闭项集得到了科研工作者更多的青睐[34,35]。这是因为,作为频繁项集完全集合中的一个子集,频繁闭项集与频繁项集的完全集合在语义上是相等的。也就是说,可以从给定数据库的频繁闭项集中推导出所有频繁项集的完整信息,而不会丢失任何一个频繁模式。

频繁闭项集 给定频繁项集X,若不存在真超项集Y,使得Y与X在事务数据库中具有相同的支持度计数,则称频繁项集X是该事务数据库中的频繁闭项集。也就是说,频繁闭项集X是具有相同支持度计数的最长频繁项集,其所有真子集都是该数据库中的频繁项集。

一般来说,挖掘频繁闭项集的过程分为两步:①识别所有的频繁项集。利用频繁项集的定义,将项集的支持度计数与最小支持度阈值相比较来完成这一步骤;②确定该频繁项集是否是闭合的。通过检查该频繁项集的超集是否具有与之相同的支持度计数得以完成。

常用的频繁闭项集挖掘算法主要有 A-CLOSE[36]、CHARM[37]、CLOSET+[38]以及 DCI Closed[39]等。1999年，Pasquier 等提出了频繁闭项集挖掘思想。他们的 A-CLOSE 算法就是 Apriori 算法在频繁闭项集挖掘中的改进版本，并成功运用了有效的剪枝策略。A-CLOSE 算法只计算上一层产生的所有最小生成子并检验其闭合性。这样，无须找到所有的频繁项集就可以得到一个精简的关联规则集合，从而降低了算法的时间复杂度。CHARM 算法无须枚举频繁项集的所有可能子集，而是使用高效的混合搜索方法直接跳过 IT-tree 的若干层次，在更短时间内识别出真正的频繁闭项集。该算法的优点是减少了中间计算的存储占用，但未解决频繁闭项集挖掘中的项集冗余问题。CLOSET+算法首先找到频繁项目，然后划分出频繁闭项集，并递归挖掘出频繁闭项集集合的子集。该算法的成功源于压缩给定的事务数据库，有效创建了频繁闭合项目的条件数据库，并使用 FP-tree 结构和剪枝技术进一步提高了算法的执行效率。DCI Closed 算法采用垂直位图的数据格式描述给定的事务数据库，其显著特点是在挖掘过程中，内存无须存储所有的闭合项集，从而成功解决了频繁闭项集挖掘中的项集冗余问题。该技术也可以应用于所有采用垂直数据格式的数据库中，并带来性能的有效提升。目前，该技术是公认的有效方法。在国内，宋威等提出了一种基于索引数组和二进制位图技术的频繁闭项集挖掘算法 DCI-Closed-Index[40]。该算法利用索引数组对生成子的前序集和后序集进行约简，减少了候选生成子集合的包含判断，比其他频繁闭项集挖掘算法具有更优的性能。

由于挖掘频繁闭项集不仅显著减少了操作过程中产生的候选模式数量，并且保持了关于频繁项集的完整信息，因此，在实际应用中，频繁闭项集挖掘方法得到了更多的青睐。

1.3.3　最大频繁项集挖掘

针对频繁项集完全集合的挖掘过程中存在大量冗余项集而导致算法时空代价过高的问题，挖掘最大频繁项集是另一种常用的替代方法[41,42]。

最大频繁项集　给定频繁项集 X，若不存在超集 Y，使得 $X \subset Y$ 并且 Y 在事务数据库 D 中是频繁的，则称项集 X 是数据库 D 中的最大频繁项集。

1998年，Bayardo 首先展开挖掘最大频繁项集的研究工作并提出了 MaxMiner 算法[43]。该算法基于 Apriori 框架,采用宽度优先、分层搜索的方法发现最大频繁项集;同时使用超集频繁剪枝和子集不频繁剪枝策略缩小搜索空间,提高挖掘效率。Burdick 等在 MAFIA 算法[44]中使用垂直二进制位图技术压缩事务索引表,改进了支持度计数的效率。Yang 等[45]对最大频繁项集挖掘过程中最坏情况下的复杂性进行理论分析,指出枚举最大项集问题是 NP-hard 问题。Ramesh 等[46]刻画了频繁项集集合和最大频繁项集集合长度的分布,并给出了在事务数据库中嵌入这样的频繁项集(或最大频繁项集)分布需要满足的限制条件。

实际上,最大频繁项集与频繁闭项集有许多相似之处,挖掘频繁闭项集的许多优化技术可以扩展用于挖掘最大频繁项集。因此,本书的研究内容不再重点关注最大频繁项集挖掘问题。

1.3.4 Top-*k* 频繁模式挖掘

当待处理的数据集过大或者最小支持度阈值设置过小时,挖掘过程中常常产生大量的候选项集,致使计算机陷入难以有效计算和存储的困境。此外,当面对稠密数据库时,人们时常面临挖掘结果过于庞大,决策者难以分析和利用的窘态。因此,在许多实际应用中,Top-k 频繁模式挖掘也是不错的选择[47,48]。

所谓 Top-k 频繁模式,通常是指最有趣、最重要或最长的前 k 个频繁模式[49]。

Wang 等提出无须 min_sup 限制条件的 Top-k 频繁闭项集挖掘算法,即 TFP 算法[50]。该算法在 FP-tree 的构建、随后的挖掘以及 FP-tree 条件树剪枝阶段都采用逐渐提高支持度阈值的方法确定 Top-k 频繁项集的范围。此外,该算法还采用了两层哈希索引结构快速访问模式树,并利用新的闭项集验证策略进一步提高挖掘效率。Chuang 等在基于内存限制的条件下实施 Top-k 频繁(闭)模式挖掘过程[51]。无须指定敏感的挖掘阈值 min_sup,作者在提出的 MTK 和 MTK-close 算法中分别设置期望挖掘出的频繁(闭)模式数目 k 作为挖掘范围限制条件。这两种算法利用 δ 阶搜索有效设置可用内存,检测不同长度的候选模式,从而减少了数据库扫描次数并获得更高的挖掘效率。

在实际应用的事务数据库中,项集出现情况的概率分布并不是均匀的,所以,Top-k 频繁模式并不一定指前 k 个最具代表性的频繁模式[52]。例如,有一类频繁项集压缩就是采用“汇总”的方式得到 k 个最能代表整个频繁项集全集(或频繁闭项集)的模式。这里 k 表示包含 k 个元素的最紧凑频繁模式压缩集合,在实际应用中更容易解释和使用[53]。Afrati 提出用 k 个项集来近似频繁项集完全集合的思想[54]。其中度量频繁项集近似集合的方法就是 k 个项集能覆盖到的集合的尺寸。Yan 等提出一种基于“轮廓”的方法将频繁(闭)项集划分为 k 个代表。一个相似项集组成的集合上的“轮廓”定义为这些项集的并集以及支持它们的事务包含的项目概率分布。基于“轮廓”方法的最大亮点是能够以最小错误率重建单个项集及其支持度计数。

实际应用中,Top-k 限制条件常常与其他压缩方式合并使用[55],根据应用要求有计划地压缩挖掘结果,缩减内存占用,达到提高挖掘性能、利于数据分析的目的。

1.3.5　近似频繁模式挖掘

由于受到噪声或测量错误等因素影响,得到的实际数据可能呈现出与理论结果不一致的现象。即使是非常微弱的噪声,也可能将长频繁模式切分成数量呈对数级别的频繁片段[56],而使用传统的频繁模式挖掘方法不可能从这些片段中恢复出真实的长频繁模式。

十几年来,针对容错数据环境下的频繁模式挖掘问题,科研工作者们进行了深入研究[57,58]。Yang 等提出了两种容错模型,分别挖掘弱容错频繁项集(Weak ETI)和强容错频繁项集(Strong ETI)[59]。Steinbach 等提出采用支持度外壳工具实现事务数据库内部模式结构的可视化[60],并使用对称 ETI 模型描述行和列允许相同比例数据错误的情况。Seppänen 和 Mannila 提出噪声环境下的稠密项集概念[61]。这里的一个稠密项集是指将事务数据库表示为二维矩阵之后,存在于矩阵内的一个足够大的子矩阵区域,要求此子区域中出现的属性数目超过给定的属性浓度阈值。Liu 等提出了挖掘近似频繁项集的通用模型[62],即在由事务和项目构成的二维矩阵中以不同的参数分别从行和列两个方向控制错误数据所占的比例。

显然,上述不同的说法,如容错频繁项集、容噪频繁项集、稠密项集等都是近似频繁模式的不同类型或不同定义。发现它们需要的挖掘方法也是类似的或者通用的。在本书的后面章节,近似频繁模式挖掘技术将作为重点研究内容之一。

本书研究的频繁模式挖掘类型如图 1.3 所示。

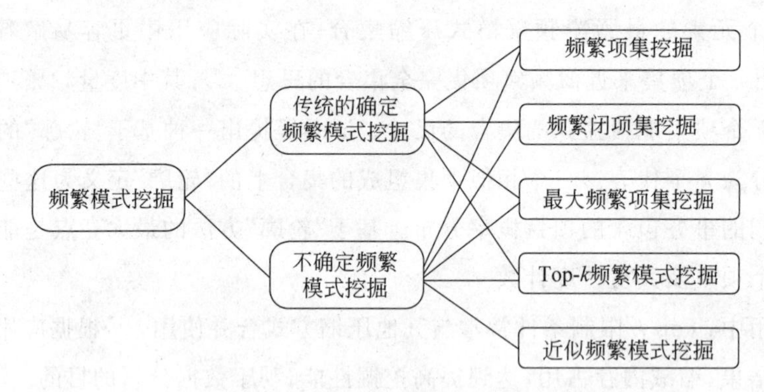

图 1.3　本书研究的频繁模式挖掘类型

1.4　研究内容与本书贡献

1.4.1　研究内容

本书主要针对两类典型的不确定数据，即概率数据和容错数据，进行概率频繁模式挖掘和近似频繁模式挖掘及关联规则发现的相关研究，并应用于不确定的中医药诊疗数据环境下，从主观不确定性和客观不确定性两个方面提出相应的解决方案，实现面向不确定数据的高效频繁模式挖掘，并通过实验验证了它们的有效性。本书的主要研究内容如下。

1. 不确定频繁模式挖掘技术综述

首先分析了数据不确定性产生的原因，综述了多种不确定数据模型，研究了目前常用的多种不确定频繁模式挖掘技术，包括不确定频繁项集挖掘、不确定序列模式挖掘、不确定频繁子图模式挖掘、不确定高效用项集挖掘以及不确定加权频繁项集挖掘技术，总结了各种不确定频繁模式挖掘技术的优缺点，并指出不确定频繁模式挖掘研究可能的发展方向。

2. 概率频繁项集精确挖掘方法研究

首先基于传统的 Eclat 框架，设计了一种旨在提高算法执行效率的双向排序策略；然后基于概率频度的定义，针对垂直数据格式的概率数据提出概率频繁项集精确挖掘算法——UBEclat 算法，并在基准数据集和真实数据集上进行了对比实验。实验结果表明，

UBEclat 算法能够依据支持度的概率分布，准确挖掘出基于概率频度的不确定频繁项集。

3. 概率频繁项集近似挖掘方法研究

基于可能性世界理论，研究了概率频繁模式近似挖掘方法，针对概率频繁项集精确挖掘算法执行效率较低、运行时间过长的问题，应用大数定律优化挖掘过程，提出一种高效的概率频繁项集近似挖掘算法——NDUEclat 算法，并在基准数据集和真实数据集上进行了多组对比实验。实验结果显示，该算法明显改善了不确定频繁项集挖掘算法的执行效率。

4. 基于粗糙集理论的容错频繁模式挖掘方法研究

研究了容错数据模型以及粗糙集理论在数据挖掘中的应用；针对 NP-hard 类的容错频繁模式挖掘问题，探索基于粗糙集理论的近似挖掘方法，提出一种将容错数据库映射为事务信息系统的新方法，并在基准数据集和真实数据集上进行了对比实验。与前人的研究结果相比，该方法在挖掘的准确率指标上，具有更好的性能表现。

5. 基于粗糙集理论的近似挖掘方法在中医药诊疗数据库中的应用

为了提高挖掘结果的实际可用性，研究了目前的近似频繁模式挖掘算法。根据当前算法在实际应用中的问题，基于粗糙集理论，提出了一种挖掘 Top-k 近似频繁闭模式的新模型，并将该模型应用于真实中医药数据集，解决中医诊疗应用中的实际问题。实验结果表明，新模型可以更精准地表达近似频繁模式，有利于实现基于中医诊疗应用的知识发现。

本书的研究内容与不确定频繁模式挖掘之间的关系如图 1.4 所示。

1.4.2 本书贡献

本书的主要贡献可以总结为以下几点。

1. 综述了不确定数据环境下主要的频繁模式挖掘方法

第 2 章分析了数据不确定性产生的原因，研究了各种不确定数据模型；综述了不确定数据环境下主要的频繁模式挖掘方法，包括不确定频繁项集挖掘、不确定序列模式挖掘、不确定频繁子图模式挖掘、不确定高效用项集挖掘以及不确定加权频繁项集挖掘技术；总结了各种不确定频繁模式挖掘技术的优缺点；指出了不确定频繁模式挖掘研究可能的发

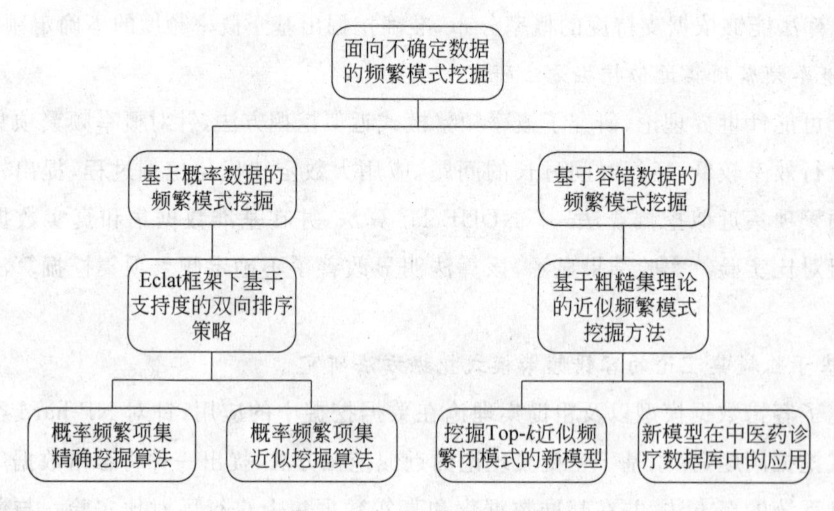

图 1.4　本书主要研究内容

展方向。该综述为后面章节的工作提供理论基础和研究思路。

2. 提出一种基于 Eclat 框架的概率频繁项集精确挖掘算法

第 3 章提出一种旨在提高算法执行效率的双向排序策略，并应用于第 4 章提出的概率频繁项集精确挖掘算法——UBEclat 算法。UBEclat 算法的主要特点是：依据概率频度挖掘概率频繁项集；采用垂直挖掘框架更方便地生成 Top-k 频繁模式；采用双向排序策略减少挖掘过程中的冗余操作。在基准数据集和真实数据集上的对比实验表明，UBEclat 算法能够依据支持度的概率分布，准确挖掘出所有概率频繁项集。这是使用 Eclat 框架解决概率数据中频繁模式精确挖掘问题的有益尝试。

3. 提出一种高效的概率频繁项集近似挖掘算法

第 4 章提出一种高效的概率频繁项集近似挖掘算法——NDUEclat 算法。NDUEclat 算法采用分而治之的方法，结合 Eclat 框架并依据大数定律近似化，优化了挖掘过程，改进了概率频繁项集挖掘算法的执行效率。在基准数据集和真实数据集上的多组对比实验也验证了该算法的有效性。就目前研究文献可知，这是第一个基于支持度的概率分布、在垂直数据格式的数据库中近似挖掘概率频繁项集的高效算法。

4. 提出一种基于粗糙集理论的近似频繁模式挖掘方法

针对 NP-hard 类的容错频繁模式挖掘问题，第 5 章结合粗糙集理论，提出一种将容错数据库映射为事务信息系统，挖掘近似频繁模式的新方法。该方法基于挖掘出的频繁项目确定决策表中的决策属性；基于粗糙集理论中上近似和下近似概念，确定容错频繁模式的近似程度。显然，基于粗糙集理论的近似频繁模式挖掘方法为有效解决容错数据挖掘问题提供了新的思路，是粗糙集理论应用于容错频繁模式挖掘研究的积极探索。

5. 提出一种挖掘 Top-k 近似频繁闭模式的新模型

针对容错数据中的频繁模式挖掘方法在实际应用中的问题，第 6 章提出一种基于粗糙集理论挖掘 Top-k 近似频繁闭模式的新模型。该模型主要由三部分组成：用聚类算法完成数据预处理；对同一类中的事务依据粗糙集理论进行属性约简生成核模式；将核模式作为初始种子构建等价类，用分层挖掘的方法搜索近似频繁闭模式。在中医药数据集上的对比实验表明，该模型可以更精准地表达近似频繁模式，有利于实现基于中医诊疗过程的知识发现，在中医诊疗研究领域将会有较好的应用前景。

1.5 本书结构

本书共分为 7 章，具体安排如下。

第 1 章：介绍了本书的研究背景及意义，对不确定频繁模式挖掘研究的国内外相关工作进行概述，提出本书的主要研究内容，指出了本书的主要贡献。

第 2 章：综述了不确定数据环境下主要的频繁模式挖掘方法，包括不确定频繁项集挖掘、不确定序列模式挖掘、不确定频繁子图模式挖掘、不确定高效用项集挖掘以及不确定加权频繁项集挖掘等方法的优缺点，分析了各种不确定数据模型并指出不确定频繁模式挖掘研究的发展方向。

第 3 章：首先分析了传统 Eclat 算法可能存在的问题，提出了适用于垂直数据格式、基于支持度的双向处理策略；然后针对该策略进行不确定数据环境下的适应性改进和优化，提出了有效处理概率数据的支持度双向排序策略；最后设计实验验证这两个策略的性能。

第 4 章：介绍了基于概率数据的频繁项集精确挖掘算法和近似挖掘算法，在此基础上，结合双向排序策略提出了采用 Eclat 框架的概率频繁项集精确挖掘算法——UBEclat

算法;针对挖掘效率问题对UBEclat算法继续改进,提出了概率频繁项集近似挖掘算法——NDUEclat算法;最后设计实验分析对比算法的性能。

第5章:首先介绍了基于容错数据的不确定数据模型,总结了粗糙集理论在数据挖掘中的应用;然后提出了一个基于粗糙集理论的近似频繁模式挖掘方法,并通过对比实验证明了该算法的有效性和准确性。

第6章:面对中医药数据的特点和实际应用需求,提出了一个基于容错数据的Top-k近似频繁闭模式挖掘模型,并将该模型用于解决中医诊疗数据中的药物配伍规律分析和核心组分筛查等实际问题。

第7章:总结本书的主要工作,并对未来研究方向进行展望。

第 2 章　不确定频繁模式挖掘技术

传统的数据库应用通常认为数据的存在性和精确性确凿无疑，因此，在针对传统数据的频繁模式挖掘中，每一事务包含的项目是确定的。传统的频繁模式挖掘技术仅仅依靠支持度作为项集出现频繁程度的唯一度量。然而，在许多实际应用中，由于受到噪声、错误等主客观因素的影响，数据常常表现出不确定性。这时，一个事务中包含的项目往往以概率的形式出现。这样的不确定数据会对频繁模式挖掘的实际结果产生不可忽视的影响，导致不同事务中同一个项目存在的频繁程度只能以某种相似性度量。所以，在不确定数据环境下，若使用传统的频繁模式挖掘方法，可能得到的是大量无实际意义的频繁片段，也可能挖掘出的信息有较大误差甚至毫无意义。因此，传统的针对确定数据的频繁模式挖掘算法和模型已远远不能满足实际应用的需求。

近年来，针对各种不确定数据的频繁模式挖掘技术受到国内外科研工作者的广泛关注，并成为数据挖掘领域的研究热点。基于实际应用中存在的各种不确定数据类型，本章综述目前常用的不确定频繁模式挖掘技术并分析它们的优缺点。本章的结构安排如下：2.1 节分析数据不确定性产生的原因；2.2 节介绍可能性世界理论和概率数据库；2.3 节介绍不确定频繁项集挖掘技术；2.4 节介绍不确定序列模式挖掘技术；2.5 节介绍不确定频繁子图模式挖掘技术；2.6 节介绍不确定高效用项集挖掘技术；2.7 节介绍不确定加权频繁项集挖掘技术；2.8 节对本章内容进行总结。

2.1　数据不确定性的原因

数据的不确定性在现实应用中普遍存在。造成数据不确定性的原因主要有以下几种情况[3,6,63,64]。

（1）测量仪器设备本身的精确度不够导致获得的数据存在不确定性。

(2) 有限的测量技术手段使得测量人员只能获得固有的不精确的测量结果。

(3) 二进制数据在网络传输过程中容易受到环境噪声的影响，不可避免地产生误差，导致数据的不确定性。

(4) 由于链路延迟或网络拥塞等不确定因素的存在，收到的原始数据可能是不完整的，导致数据不确定性的出现。

(5) 在移动网络环境下，时间、空间的频繁切换引起移动用户的属性数据前后不一致，导致数据不确定性的产生。

(6) 某些在线移动应用中，处于隐私保护的需要，敏感数据中会加入扰动信息或只有统计数据。这种不可避免的汇总记录或噪声数据导致原始数据中存在不确定性[65]。

(7) 某些在线销售应用中，记录对应的属性是使用数学统计的方法(如预测或归纳)获得的。这样的属性值应该是不精确或不完整的。例如，如果一个移动用户上周浏览过某销售网站 10 次，其中有 6 次单击了某在线产品。依据统计信息可以认为该用户购买此产品的概率为 60%。显然，在这种情况下，数据潜在的不确定性来源于得到的数据仅是估计值而已。

(8) 在新兴的移动应用中，物体的运动轨迹可能是未知的，本质上也是不确定的[66]。因此，对于图像中某时空对象存在的可能性，也是以概率的形式描述。也就是说，受限于人们对时空对象感知的能力，对于移动对象的未来行为，得到的结果也只能是预测的，自然也是不确定的。

综合上述原因，研究人员通常把数据的不确定性归纳为两种情况：主观原因引入的数据不确定性和客观原因导致的数据不确定性。它们对应的分别是概率数据和容错数据。本章主要针对概率数据展开研究。

2.2 可能性世界理论和概率数据库

实际应用中，经常很难确定特定事务是否确实包含指定的项目，因此，人们通常使用可能性世界模型来解释不确定数据。在不确定数据环境下，一个项集存在于特定事务中的可能性更适合用概率的形式来描述，从而形成了概率数据库。

概率数据库　一个概率数据库由 N 个实体组成，即 PDB＝$\{P_1, P_2, \cdots, P_i, \cdots, P_N\}$，其中每一个实体 $P_i(1\leqslant i\leqslant N)$表示为一个元组＜tid，$X$＞。这里 tid 是每个实体的唯一标识，而 X 则是该实体对应的属性列表，即 $X=\{x_1(p_1), x_2(p_2), \cdots, x_j(p_j), \cdots, x_m(p_m)\}$ $(1\leqslant j\leqslant m)$。这里 x_j 包含关于特定实体 P_i 的第 j 个属性的信息，p_j 反映了该实体包含第 j 个属性 x_j 的可信程度，用概率值的形式描述了该实体与对应属性之间的关系。

根据 Boulos 等人[67]的研究工作，一个概率数据库就是有限个可能性世界构成的集合，其中每一个可能性世界都具有真实发生的可能性。因此，每一个可能性世界就是一个确定数据库。然而，在可能性世界集合中，虽然能够确信其中只有一个可能性世界是"真实"世界，但是无法得知该集合中究竟哪一个可能性世界就是那个"真实"的世界。因此，可以给每一个可能性世界赋予各自的概率值，用于表示人们认为每一个可能性世界成为"真实"世界的可信程度。

将可能性世界理论用于概率数据库的研究中，概率数据库中的每一个项目都与一个非零概率值 $p(x, T_i)$相关联，表示项目 x 在事务 T_i 中存在的可能性。这样，一个项目 x 和事务 T_i 的可能性世界[68]存在两个：项目 x 在事务 T_i 中出现，表示为 w_1；项目 x 未出现在事务 T_i中，表示为 w_2。用 $p(w_1)$表示 w_1 成为真实世界的可能性，若 $p(w_1)=p(x, T_i)$，则 $p(w_2)=1-p(x, T_i)$。显然，如果一个事务中包含两个项目，那么对应得到四个可能性世界。也就是说，根据可能性世界模型，事务中存在项目的可能性用可能性世界集合表示，一个概率数据库对应产生一个庞大的可能性世界集合。所有可能性世界的存在概率之和为 1，可能性世界的数量随项目个数的增长呈指数增长趋势。

2.3　不确定频繁项集挖掘

由于获得的原始数据中存在不完整性和不确定性，研究人员不能保证得到的数据完全可靠，只能以一定的概率描述对原始数据的认可程度，这样得到的带有概率属性的数据就构成了频繁项集挖掘中所谓的概率数据库[69,70]。目前的概率数据库管理系统就是依据概率来描述数据间的不确定性，进而管理这些数据的[71,72]。这些系统主要包括美国华盛顿大学的 MystiQ[67]、斯坦福大学的 Trio[73]和 ULDB[74]、康乃尔大学的 MayBMS[75]、普渡大学的 Orion[76]以及加拿大多伦多大学的 Conquer[77]。

2.3.1 基于概率数据的不确定数据模型

在概率数据库中，常用的不确定数据表示方式主要有两种：水平数据格式(见表 2.1)和垂直数据格式(见表 2.2)。

表 2.1 水平数据格式的不确定数据模型

TID	事务中包含的项目			
T_1	$A(0.6)$	$B(0.5)$	$C(0.4)$	$D(0.5)$
T_2	$A(0.7)$	$D(0.8)$	$E(0.25)$	
T_3	$A(0.6)$	$B(0.2)$	$C(0.8)$	$D(0.4)$
T_4	$C(0.7)$	$D(0.3)$	$E(0.2)$	
T_5	$A(0.5)$	$C(0.7)$	$E(0.3)$	

表 2.2 垂直数据格式的不确定数据模型

IID	事务列表			
A	$T_1(0.6)$	$T_2(0.7)$	$T_3(0.6)$	$T_5(0.5)$
B	$T_1(0.5)$	$T_3(0.2)$		
C	$T_1(0.4)$	$T_3(0.8)$	$T_4(0.7)$	$T_5(0.7)$
D	$T_1(0.5)$	$T_2(0.8)$	$T_3(0.4)$	$T_4(0.3)$
E	$T_2(0.25)$	$T_4(0.2)$	$T_5(0.3)$	

在水平数据格式的概率数据库中，整个数据库由一系列事务组成，每个事务实体就是一个元组，由多个带有概率值的项目(属性)构成，每个概率值描述的是该项目在对应事务中出现的可能性。

在垂直数据格式的概率数据库中，每个实体就是一个项目，整个数据库就是一个不确定项目的集合。每个项目作为一个元组，由一个事务列表组成，其中每个事务附带的概率值描述对应项目出现在此事务中的可能性。根据数据处理的需要，概率数据库中的这两种数据表示形式可以相互转换。

多年来,基于概率数据库的频繁项集挖掘研究硕果累累。显然,Chui 等提出的 UApriori[78]、Aggarwal 等提出的 UFP-growth 和 UH-mine[79] 算法是三个广为接受的概率频繁项集挖掘算法,它们分别是传统频繁项集挖掘算法 Apriori[23]、FP-growth[25] 和 H-mine[25] 应用于概率数据库的扩展版本。除了这些基于水平数据格式的算法,还有采用垂直数据格式的频繁项集挖掘方法,如 Abdelmegid 的 UEclat 算法[80]、Leung 等的 UV-Eclat 算法[81] 与 U-VIPER[82] 算法和 Calders 等的 U-Eclat 算法[83] 等。

2.3.2　基于水平数据格式的挖掘方法

在实际应用中,水平数据格式是概率数据库中普遍采用的数据表示形式,所以大多数频繁模式挖掘方法聚焦在水平数据格式构成的概率数据库中。这些方法大多源于经典的频繁项集挖掘算法: Apriori、FP-growth 或 H-mine 算法,并对它们进行适应性的改进[84,85]。

类 Apriori 框架的确定频繁项集挖掘算法,在作用于稠密数据库时,通常会产生大量的长模式候选项集,这是此类算法的主要缺陷。而目前的研究表明,类 Apriori 框架作用于稠密的概率数据库进行不确定频繁项集挖掘时,表现出了明显的性能优势。

2007 年,Chui 等提出的 UApriori 算法[78] 基于产生检测框架,采用深度优先方式搜索概率数据库,挖掘不确定频繁项集。其操作方式类似于确定数据库中的 Apriori 算法。随后,Chui 等又提出了数据修剪(Data Trimming)策略,Chui 和 Kao 提出递减剪枝(Decremental Pruning)技术进一步优化 UApriori 算法的性能[86]。其中数据修剪策略的基本原理是: 首先设置一个较低的存在概率值,以此为依据修剪原始数据库中实际意义较低的项目,创建一个修剪后的数据库。此后,频繁模式挖掘操作就在这个修剪后的概率数据库上进行。显然,创建修剪后的数据库会增加算法的空间复杂度。至于递减剪枝技术,则是首先检查并修剪那些期望支持度上界低于最小支持度阈值的项目,从而减少候选模式数量,达到提高挖掘效率的目的。当然,该技术的实现效率也取决于需处理的数据库的具体结构。实验结果表明,当 UApriori 算法用于最小支持度阈值较高的稠密数据库时,其挖掘效果明显优于 UFP-growth 算法和 UH-mine 算法。

FP-growth 算法应用于确定的稠密数据库时获得了良好的时空性能,这应该得益于该算法能够有效地将大量的长模式压缩在共享前缀树中。然而,前人的研究结果表明,当FP-growth算法应用于不确定数据环境下时,却没有表现出类似的性能优势。例如,采用分而治之的策略,基于树状结构的UFP-growth算法[79]作用于概率数据库时就没有取得预期的良好性能。究其原因,可能是在概率数据库中,同一个项目通常会包含多个不同的属性值分别描述该项目在不同事务中存在的可能性。将所有项目的不同取值统统压缩在UFP-growth算法的共享前缀树中显然不是一件容易的事。如果待处理的是一个稀疏数据库,这更是一项非常耗费时空代价的任务。此外,在最小支持度阈值较低的情况下,UFP-growth算法中FP-tree的条件树结构也会变得异常庞大,其中大量的冗余候选项集就会耗尽有限的存储空间。由此可见,UFP-growth算法中的树结构并不适合数据稀疏的概率数据库。目前,人们逐步寻找一些解决方案缓解UFP-growth算法固有的压缩问题,并取得了一定效果。2009年,Aggarwal等提出了一种妥协方案[79]。对于每一个频繁项目,只需在UFP-growth的压缩树结构中存储项目存在概率的最大值,这样仅使用期望支持度的上界参与后面的计算,获得近似频繁项集。2012年,Leung等提出了CUF-growth算法[87],主张对同一个事务支持的所有项目,只需记录其中存在概率最高的两个项目,并将它们的乘积作为支持度的上界参与后面的运算。在这些算法中,共同的关键点就是放宽构建共享前缀树的条件,在更简洁的树状结构中挖掘概率频繁项集。然而,这些解决方案也陷入了另一个难题,即需要构建第三方概率数据库来减少可能出现的伪正例。

2012年,Calders等摒弃了UFP-tree结构,提出了UH-mine算法。UH-mine算法采用一个带有超链接的数组结构存储概率数据。虽然同样采用分而治之、深度优先的策略,但UH-mine算法在子结构中采用动态排序的方法进一步减少内存空间的占用。因此,UH-mine算法在性能上优于上述两种算法,尤其适用于最小支持度阈值较小的稀疏概率数据库。

2.3.3 基于垂直数据格式的挖掘方法

在过去的十多年里,基于垂直数据格式的频繁项集挖掘算法作为一种广为接受的方法普遍用于传统的确定数据库中实施挖掘任务。Eclat算法作为其中的佼佼者,其挖掘效率通常优于相应的水平数据格式下的挖掘方法。Eclat算法的主要优点如下。

(1) 通过项集间的并操作快捷地实现模式扩展并对无关数据自动剪枝。

(2) 通过事务间的交操作实现简单、快捷的支持度计数。

近年来,基于垂直数据格式的挖掘方法被证明是一种很有前途的方法,适合用于概率数据库进行频繁模式挖掘任务,其性能优于基于水平数据格式的挖掘方法[88]。根据目前的文献资料,基于垂直数据格式的概率频繁项集挖掘算法大多数采用 Eclat 挖掘框架,是 Eclat 算法应用于概率数据环境下的扩展版本。

2010 年,Calders 等提出了一种基于采样的概率频繁项集挖掘方法,即 U-Eclat 算法[83]。首先,该算法为事务中的每个项目产生一定数量的随机数,取值在 0 和 1 之间。然后将这些随机数与该项目当前的存在概率相比较,模拟建立一个"确定"的采样数据库,其中每个项目的属性值就是根据比较结果得到的不确定情况下该项目的平均支持度估计值。最后,运用传统的 Eclat 算法在"确定"的采样数据库中挖掘频繁项集作为对应不确定频繁项集的近似结果。作为 Eclat 算法在概率数据库中的第一个扩展版本,U-Eclat 算法获得了优于 UApriori 和 UH-mine 算法的性能。但该算法得到的是基于期望支持度的近似结果。

2010 年,Abdelmegid 等提出了一个基于垂直数据格式的精确挖掘算法,称为 UEclat 算法[80]。为了记录所有事务中每个项目的完整信息,UEclat 算法采用改进的 UTidlist 结构存储数据,并获得了良好效果。唯一的缺憾是,该算法进行期望支持度计算时存在纰漏。随后,Leung 等在自己提出的 UV-Eclat 算法[81]中改正了 UEclat 算法中的计算瑕疵,并采用集合的形式表示数据,获得了更优性能。此外,2012 年,Leung 等尝试采用固定长度的矢量集表示概率数据库,使用类 UV-Eclat 算法挖掘概率频繁项集,这就是 U-VIPER 算法[82]。可见,这些基于垂直数据格式的挖掘方法都继承了 Eclat 算法的优势,在处理概率数据库时获得了良好的效果。

近年来的研究成果表明,在不确定数据环境下,基于垂直数据格式的频繁项集挖掘算法比基于水平数据格式的算法取得了更好的实验效果[86]。虽然基于数据垂直格式的挖掘算法是一种很有前途的方法且具有良好的性能,但并未引起足够关注。因此,目前在基于概率频度的不确定频繁项集挖掘领域,仍未发现有效的基于垂直数据格式的挖掘算法。

2.4 不确定序列模式挖掘

序列模式挖掘(Sequence Pattern Mining)通常用于分析数据对象随时间变化的规律,实际上可以看作频繁模式挖掘在时间维度上的扩展。例如,研究顾客经常购买的商品集合时,若不考虑购买商品的先后顺序,一般使用频繁模式挖掘或关联规则发现技术,若关注的是商品销售数据之间顺序上的关联性和规律性,则需要使用序列模式挖掘方法。序列模式挖掘在各领域具有广泛应用,包括商业组织机构研究客户购买行为的模式特征、计算生物学中分析不同氨基酸的突变模式、互联网应用中分析和预测用户 Web 访问模式以及进行 DNA 序列分析和谱分析、研究生物体的进化信息、预测新的生物序列等。

在序列模式挖掘研究中,事件与其对应的源对象是相互关联的,这里的事件可以是零售交易、待观察对象、待研究的人等,相应的源对象则是消费者、传感器、照相机等。每个事件带有各自的时间戳,因此,事件数据库可以重构为源序列的集合,这时数据库中的每条记录对应一个源数据对象,可以看作按照时间戳顺序排列的事件序列。因此,序列模式就是具有时间顺序的事件模式,而序列模式挖掘任务就是在大量的源序列中寻找频繁出现的序列模式。

1995 年,Agrawal 和 Srikant 基于带有时间属性的交易数据库,提出了最早的序列模式挖掘概念[89],最初的目的是研究消费者的购买序列,发现频繁项目序列,分析一段时间内消费者购买行为的规律。

确定序列数据库[90] 设 $I=\{i_1,i_2,\cdots,i_q\}$ 为项目的集合,$S=\{1,\cdots,m\}$ 是源数据对象的集合,则一个事件 $e\subseteq I$ 就是由若干项目构成的集合。一个序列 $s=\langle s_1,s_2,\cdots,s_i,\cdots,s_a\rangle$ 就是若干事务构成的有序列表,其中事务 s_i 称为序列中的元素。令 $s=\langle s_1,s_2,\cdots,s_q\rangle$ 和 $t=\langle t_1,t_2,\cdots,t_r\rangle$ 表示两个不同序列,对于 $k=1,2,\cdots,q$,如果存在整数 $1\leqslant i_1<i_2<\cdots<i_q\leqslant r$,使得 $s_k\subseteq t_{i_j}$,那么 s 称为 t 的一个子序列,表示为 $s\preceq t$。一个序列数据集 $D=\langle r_1,r_2,\cdots,r_i,\cdots,r_n\rangle$ 是由若干记录组成的有序列表,其中每个记录 $r_i\in D$ 表示为三元组的形式 $(\mathrm{eid}_i,e_i,\sigma_i)$,$\mathrm{eid}_i$ 为事件 e_i 对应的标识符,σ_i 为一个数据对象。给定一个序列 s 和源数据对象 σ_i,令 $X_i(s,D)$ 为指示变量:

$$X_i(s,D)=\begin{cases}1 & s \preceq r_i \\ 0 & 其他\end{cases} \tag{2.1}$$

给定序列数据集 D 和用户指定的最小支持度阈值 min_sup，序列模式挖掘的目的就是发现支持度(Supp)大于等于 min_sup 的所有序列，这里 $\mathrm{Supp}(s,D)=\sum_{i=1}^{m}X_i(s,D)$。

近年来，不确定数据库的广泛应用为序列模式挖掘工作开辟了新的研究领域[91]。例如，目前的智能交通系统通常依靠摄像头、传感器和照相机等工具进行实时数据收集，然后根据车辆监控日志，发现隐含的带有时间序列的交通模式和规律，并预测将来可能的交通问题。与确定序列数据相比，不确定序列数据模型更加复杂，不确定序列模式研究取得的丰硕成果离不开科研人员的不懈努力。

2.4.1　不确定序列数据模型

在不确定序列模式挖掘任务中，序列数据模型的不确定性可能表现在如下几个方面：源数据对象的不确定性、事件的不确定性、时间的不确定性等。其中时间的不确定性并不适合用概率数据库来描述。因此，在目前的科研工作中，重点研究的不确定序列数据模型大致分为两类：源对象级(source-level)和事件级(event-level)的不确定序列数据模型。

在源对象级的不确定序列数据模型中，事件是确定的、容易识别的，而源对象的识别非常困难。例如，在零售交易中，每个顾客(源数据对象)的详细信息经常是不准确和不完整的，经过数据清洗等预处理操作之后构建的顾客数据库，虽然解决了数据冗余问题，但也带来了信息模糊、顾客识别困难等问题。这时，顾客信息的不确定性更适合用概率数据来描述[92]。再如，使用传感器或照相机(源数据对象)观察和研究车辆或人的行为时，由于识别工具或观察方法本身可能存在噪声和误差，得到的观察数据本身也融入了不确定性[93]。显然，某个事件的发生是确定的(某个人或某辆车进入了观察区域)，但是具体哪个源对象实施了该事件却很难确定。因此，源对象对应的属性只能采用概率分布的形式，通过构建属性级的不确定数据模型来描述。若是以车辆为源对象，将摄像行为作为事件，研究与“多少车辆先经过摄像头 X，然后经过摄像头 Y，最后经过摄像头 Z”类似的序列模式挖掘任务，就需要建立源对象级的不确定序列数据模型(见表 2.3)。

表 2.3 源对象级的不确定序列数据模型

eid	事件	W
e_1	(a,d)	$(\sigma_1:0.6)\ (\sigma_2:0.4)$
e_2	(a,b)	$(\sigma_1:0.3)\ (\sigma_2:0.2)\ (\sigma_3:0.5)$
e_3	(b,c)	$(\sigma_1:0.7)\ (\sigma_3:0.3)$

源对象级的不确定序列数据模型[90] 概率数据库 D^p 是由若干记录(源数据对象)构成的有序列表,表示为 $D^p=\langle r_1,r_2,\cdots,r_i,\cdots,r_n\rangle$,其中每个记录 $r_i\in D^p$ 表示为三元组的形式(eid,e,W):eid 是事件 e 的标识符;W 为源数据对象集合 S 上的概率分布,表示为二元组(σ,c),其中 $\sigma\in S$,而且 $c(0<c\leqslant 1)$描述事件 e 与源对象 σ 间关系的可信度,存在 $\sum_{(\sigma,c)\in W} c=1$。根据可能性世界理论,概率数据库 D^p 中一个可能性世界 D^* 的产生方式为:依次将每个事件 e_i 指派给可能的源数据对象 $\sigma_i(\sigma_i\in W_i$ 且 $\sigma_i\in S)$。这样,每一条记录 $r_i=(\text{eid}_i,e_i,W_i)\in D^p$ 对应一个可能性世界,枚举所有可能的组合就得到了可能性世界的完整集合(见表 2.4)。假设 D^p 中与每条记录 r_i 相关联的所有分布都是随机独立的,则一个可能性世界 D^* 的存在概率为 $\Pr[D^*]=\prod_{j=1}^{n}\Pr_{W_j}[\sigma_i]$。在表 2.3 所示数据库中,将事件 e_1、e_2 和 e_3 分别以存在概率 0.6、0.3 和 0.7 指派给源数据对象 σ_1,得到可能性世界 D^* 的存在概率 $\Pr[D^*]=0.6\times0.3\times0.7=0.126$。

在事件级的不确定序列数据模型中,源对象是确定的、容易识别的,而与之关联的事件本身是不确定的。例如,使用 RFID 传感器跟踪建筑物内雇员行为的应用[94]中,PEEX 系统记录每一次观测行为 SIGHTING(t,tID,aID),意味着天线 aID 在 t 时刻检测到了标识码为 tID 的 RFID 传感器。PEEX 系统处理这一观测行为并输出更高层次的不确定关系,形式为 MEETING(time,person1,person2,room,prob),描述的是该 PEEX 系统观测到在 time 时刻,person1 和 person2 在 room 房间(源对象)进行了一次会面(事件)的概率是 prob。这里,天线位于固定的位置,所以源对象是确定的,而事件是不确定的。因此,在序列挖掘模式中,这种应用场景需要使用事件级的不确定序列数据模型来描述(见表 2.5)。

表 2.4　数据库(表 2.3)中所有的可能性世界

D^*	σ_1	σ_2	σ_3	Pr[D^*]
D_1^*	$(a,d:0.6)(a,b:0.3)(b,c:0.7)$	⟨⟩	⟨⟩	0.126
D_2^*	$(a,d:0.6)(a,b:0.3)$	⟨⟩	$(b,c:0.3)$	0.054
D_3^*	$(a,d:0.6)(b,c:0.7)$	$(a,b:0.2)$	⟨⟩	0.084
D_4^*	$(a,d:0.6)$	$(a,b:0.2)$	$(b,c:0.3)$	0.036
D_5^*	$(a,d:0.6)(b,c:0.7)$	⟨⟩	$(a,b:0.5)$	0.210
D_6^*	$(a,d:0.6)$	⟨⟩	$(a,b:0.5)(b,c:0.3)$	0.090
D_7^*	$(a,b:0.3)(b,c:0.7)$	$(a,d:0.4)$	⟨⟩	0.084
D_8^*	$(a,b:0.3)$	$(a,d:0.4)$	$(b,c:0.3)$	0.024
D_9^*	$(b,c:0.7)$	$(a,d:0.4)(a,b:0.2)$	⟨⟩	0.056
D_{10}^*	⟨⟩	$(a,d:0.4)(a,b:0.2)$	$(b,c:0.3)$	0.024
D_{11}^*	$(b,c:0.7)$	$(a,d:0.4)$	$(a,b:0.5)$	0.140
D_{12}^*	⟨⟩	$(a,d:0.4)$	$(a,b:0.5)(b,c:0.3)$	0.060

表 2.5　事件级的不确定序列数据模型

	p-序列
D_1^p	$(a,d:0.6)(a,b:0.3)(b,c:0.7)$
D_2^p	$(a,d:0.4)(a,b:0.2)$
D_3^p	$(a:1.0)(a,b:0.5)(b,c:0.3)$

事件级的不确定序列数据模型　概率数据库 D^p 是由 p-序列 $D_1^p,D_2^p,\cdots,D_i^p,\cdots,D_m^p$ 构成的集合,D_i^p 与源对象 $i\in S$ 相关联,$D_i^p=\langle(e_1,c_1)\cdots(e_j,c_j)、\cdots(e_k,c_k)\rangle$。这里的 e_j 按照事件标识符 eid 顺序排序,c_j 是事件 e_j 实际发生的可信度。依据可能性世界理论,p-序列 D_i^p 中的每个事件 e_j 都存在两种可能:或者事件 e_j 发生,或者事件 e_j 不发生(见表 2.6)。假设一个 p-序列中的所有事件是随机独立的,令 occurred$=\{x_1,x_2,\cdots,x_l\}(1\leqslant x_1<x_2\cdots<x_l\leqslant k)$表示 $D_i^*=\langle e_{x_1},e_{x_2},\cdots,e_{x_l}\rangle$中发生事件的索引标识,那么一个可能性世界 D_i^* 的存

在概率为 $\Pr(D_i^*) = \prod_{j\in \text{occurred}} c_j * \prod_{j\notin \text{occurred}} (1-c_j)$。这样，$p$-序列 D_2^p 的可能性世界如表 2.6 所示。所有 p-序列 D_i^p 的可能性世界集合 $\mathrm{PW}(D_i^p)$则是依次提取所有可能发生的 2^l 种事件，然后进行排列组合，得到 $\mathrm{PW}(D^p)=\mathrm{PW}(D_1^p)\times\mathrm{PW}(D_2^p)\times\cdots\times\mathrm{PW}(D_m^p)$。对于任意 $D^*\in\mathrm{PW}(D^p)$，$D^*=(D_1^*,D_2^*,\cdots,D_i^*,\cdots,D_m^*)$，可以计算得到 D^* 的存在概率：$\Pr[D^*]=\prod_{i=1}^{m}\Pr(D_i^*)$。例如，假设所有源对象的 p-序列是相互独立的，一个可能性世界 D^*（见表 2.7）的存在概率就是其中所有可能事件的存在概率积：$\Pr[D^*]=0.084\times 0.32\times 0.15=0.004$。

表 2.6 D_2^p 的可能性世界

可能事件	存在概率积
〈〉	(1－0.4)×(1－0.2)＝0.48
(a)	0.4×(1－0.2)＝0.32
(b)	(1－0.4)×0.2＝0.12
$(a)\ (b)$	0.4×0.2＝0.08

表 2.7 D^p 的一个可能性世界 D^*

源对象	可能事件	存在概率
D_1^p	$(a,b)\ (b,c)$	0.084
D_2^p	(a,d)	0.32
D_3^p	$(a)(b,c)$	0.15

2.4.2 不确定序列模式挖掘技术

大多数序列模式挖掘算法都是基于传统频繁项集挖掘算法的改进。在早期的序列模式挖掘研究中，通过生成-测试产生候选模式的方法最为常见。基于经典的 Apriori 算法，并受到 Apriori 先验性质的启发，科研人员提出了一系列类 Apiori 算法用于序列模式挖掘任务，如 AprioriAll、AprioriSome、DynamicSome 等[95]。其中，Srikant 和 Agrawal[96]总结了序列模式的定义,在序列中加入时间约束、利用滑动窗口和用户规定的分类,提出了一种基于 Apriori 的改进算法——GSP 算法、有效减少了需要扫描的候选序列,提高了挖掘效率。除了这些基于 Apriori 算法、采用水平数据格式的序列模式挖掘方法之外,Zaki[97]还提出了一种基于垂直数据格式的序列模式挖掘方法——SPADE 算法。考虑到候选 2-序列的数量巨大,执行连接操作的时间复杂度过高,SPADE 算法首先将数据库转换成垂直数据格式,进而高效计算 2-序列。实验结果表明,SPADE 算法大大减少了数据库扫描次数,取得了优于 GSP 算法的良好性能。后来,研究人员又提出了一系列基于投影的模式增长算法,其中包括 Han 等人提出 Freespan 算法[98]以及 Han 和 Pei 提出的 PrefixSpan 算法[99]。与 GSP 和 SPADE 算法相比,模式增长算法无须产生候选模式,进一步缩小了搜索空间,而且算法执行过程中需要的内存空间也更加稳定。此外,近几年也先后出现了更多有效的改进算法,如结合图模式生长和频繁计数的结构模式挖掘算法 gSpan[100]、基于内存索引的 MEMISP 算法[101]、基于正则表达式约束的 SPIRIT 算法[102]等。还有基于序列模式挖掘方法的扩展研究,如闭序列模式挖掘、并行挖掘[103,104]、分布式挖掘[105]、多维度序列模式挖掘[106]和近似序列模式挖掘[107]等。这些工作为后来的不确定序列模式挖掘研究奠定了技术基础,提供了可以借鉴和学习的研究路线。

相比于确定序列数据库,在不确定数据库中挖掘序列模式需要面对更大的搜索空间,挖掘过程也更加复杂,目前已知的基于确定数据的序列模式挖掘方法无法直接用于解决不确定序列模式挖掘问题。

在早期的不确定序列模式挖掘研究中,基于不同应用领域的各种不确定数据模型异彩纷呈。2003 年,Sun 等[108]研究了电信网络故障分析应用中的时序事件序列,针对不精确事件可能导致排序中出现不确定性的问题,提出了精确支持度的概念并定义了不确定序列数据模型,设计实现了一种在不精确事件序列数据库中发现有趣模式的算法。该研究的重要贡献是提出了时间不确定性问题并给出了可能的解决方案。2006 年,Yang 等[109]针对基因序列分析应用展开研究,重点关注噪声环境下挖掘长序列模式的相关问题,提出了不确定兼容矩阵模型,用于描述观察数据与真实数据间差异的概率值。作者还提出了"匹配度"的概念捕获非噪声环境下序列模式的"真实支持度",设计实现了一种合并统计采样和边界坍塌技术的不确定长序列模式挖掘算法。该研究的不足是未使用可能性世界理论解释自然界的不确定性，其数据模型也无法描述源对象间可能存在的不确定性问题。

2010 年，Muzammal 和 Raman 首次研究了概率数据库中的不确定序列模式挖掘问题[90]，并提出了两种不确定序列数据模型：源对象级和事件级的不确定数据模型。基于可能性世界理论定义了两种序列支持度准则：期望支持度和概率频度。最后证明了源对象级的不确定数据模型中概率频度的计算问题是一个 NP-完全问题。此外，Muzammal 和 Raman 在文献[110]中给出了两种在不确定序列数据模型中计算概率频度的具体方法，进而基于可能性世界理论挖掘概率频繁序列，证明了在事件级不确定数据模型中可以使用动态规划(DP)的方法有效计算频繁序列，并给出了递推公式和计算实例。2011 年，Muzammal 和 Raman 研究了在源对象和事件相互关联的概率数据库中挖掘不确定序列模式的相关问题[111]。针对枚举所有序列模式并计算期望支持度的时间、空间开销巨大这一问题，作者采用动态规划的方法计算一个源对象对一个序列的支持概率，进而计算出所有序列模式的期望支持度；接着将 DP 算法嵌入到候选模式生成-测试方法中，探索基于序列模式格的广度优先(类似于 GSP 算法)和深度优先(类似于 SPAM 算法)方法遍历搜索空间；最后提出了增量支持度计算和概率剪枝等优化措施进一步改善 CPU 开销。2015 年，在上述工作的基础上，Muzammal 和 Raman 又提出了基于模式增长框架(类似于 PrefixSpan 算法)的不确定频繁序列模式挖掘方法[112]，减少并优化了动态规划中繁复的计算过程；最后针对这三种重要的不确定序列模式挖掘算法在 CPU 时间、内存占用和可伸缩性等方面进行性能评估。实验结果显示，基于模式增长的方法比前面两种基于候选模式生成-测试的方法具有更好的综合性能。显然，Muzammal 和 Raman 在不确定频繁序列模式挖掘方面做了大量的有意义的研究工作。这些工作大多是以源对象级不确定序列构成的概率数据库作为研究对象，依据期望支持度衡量序列模式出现的频繁程度，针对不确定序列模式挖掘研究进行的有益探索。

2012 年，Hooshadat 研究了事件级不确定序列数据模型下的频繁模式挖掘问题[113]，采用期望支持度计算不确定频繁序列并提出了 UAprioriAll 算法。该算法由三个阶段组成：首先 U-Litemset 阶段检测 1-候选序列并挖掘 1-频繁序列；然后 U-Transformation 阶段删除不频繁序列并通过投影操作简化概率；最后 U-Sequence 阶段在转换后的数据集中采用类 UApriori 算法挖掘不确定频繁序列。UAprioriAll 算法是第一个基于事件级不确定序列模型的挖掘方法，该算法的计算复杂度与频繁序列的数目呈线性增长关系。同年，Zhao 等研究了事件级不确定序列数据模型中的概率频繁序列挖掘问题[114]，提出了基于模式增长的频繁序列挖掘方法——U-PrefixSpan 算法。该算法采用合并剪枝技术和快速确认策略，有效地避免了"可能性世界爆炸"问题，进一步改善了算法的执行效率。U-PrefixSpan 算法是目前文献中第一个基于概率频度挖掘不确定频繁序列的算法。2013 年，Li 等提出了基于概率频度的不确定时空序列模式挖掘[115]方法，引入带有间隙约束的时空概率序列模式，用于解决不确定轨迹数据中的知识发现问题。该论文采用动态规划的方法计算时空序列模式的概率频度，并合并广度优先和深度优先搜索策略，实现了有效的序列模式枚举算法。实验证明，该算法具有线性时间复杂度。接着，Wan 等[116]提出了在事件级不确定序列数据模型中，基于概率频度计算频繁序列，发现不确定序列模式的精确挖掘方法和近似挖掘方法，最后使用近似技术估计概率频度的上限，有效剪枝候选序列，进一步优化算法。论文的研究成果表明：①在目前的研究中，尽管近似挖掘方法可能比精确挖掘方法效率更高，甚至带来多个数量级的性能提升，但是在基于概率频度的不确定序列模式挖掘领域，与精确挖掘方法相比，近似挖掘方法对性能的提升并不显著；②尽管人们认识到，当数据集足够大时，基于正态分布的近似方法在执行不确定序列模式挖掘任务时应该获得相当好的精确度，然而，在基于概率频度的不确定序列模式挖掘过程中，当频繁序列的数目有限时，基于二项分布的近似方法却获得了更高的挖掘精度；③在运行时间方面，优化方法可以明显提升精确挖掘算法和近似挖掘算法的执行效率，显著提高挖掘结果的精度。此外，Achar 等[117]也研究了基于概率频度的不确定频繁序列挖掘问题，提出了基于模式增长的概率频繁序列挖掘算法，并用实验证明了该算法的性能明显优于基于候选模式生成-测试的类 Apriori 算法。

近两年，随着大数据时代的到来，针对不确定序列模式挖掘方法的研究又呈现出新的发展趋势。2015 年，Ge 等研究了大规模不确定数据库中的序列模式挖掘问题[118]，设计了一种迭代的 MapReduce 框架以并行方式管理不确定序列数据，执行不确定序列模式挖掘任务。2016 年，Aydin 等提出了一种基于图理论的方法挖掘时空序列模式[119]，首先将时空轨迹序列转化为有向无环图，然后基于模式增长的方法，利用图的有向边发现频繁出现的事件级序列模式，避免了昂贵的候选模式生成-测试步骤。2017 年，Fournier 综述了序列模式挖掘的研究现状和发展趋势[120]，指出有趣子序列的度量标准可能是频度，也可能是长度或利润等；未来的应用领域也不仅仅拘泥于生物信息学、在线学习、购物篮分析、文本分析、网页单击流分析等领域，而是拥有更加广泛的应用前景，如物联网、社会网络分析和传感器网络等领域；不确定序列模式研究与其他流行的频繁模式挖掘问题正在相互融合，并呈现出新的特点，如不确定序列模式挖掘与高效用项集挖掘[121]或加权频繁项集挖掘[122]的交叉研究等，这为广大科研工作者提出技术挑战，同时也带来新的研究机遇。

2.5 不确定频繁子图模式挖掘

图作为最常用的数据结构之一，不仅可以描述数据的各种属性，还能简单方便地表达不同数据间的结构逻辑关系。目前，越来越多的科学领域采用图数据描绘结构复杂的研究对象。例如，在生物信息学领域，利用节点描述不同蛋白质分子以及化合物的属性，节点之间的边表示蛋白质或化合物之间的相互作用；在社交网络中，图中的节点表示社交个体，节点之间的边描述个体之间或简单或复杂的交互关系；在无线传感器网络中，网络节点之间的通信抽象为图中节点之间的边。这些包含着大量节点和边的“图数据”形成了一定的拓扑结构（称为图模式），多个图模式构成了图数据集或图数据库。例如，生物信息学中的蛋白质交互网络；通信领域中的网络拓扑结构图；互联网应用中的在线社交网络和线下社会活动中的人际关系网等。这时，如何从已有的图数据中挖掘出数据对象间隐含的关系、拓扑结构特征、形成趋势与规律等有用信息就成为图数据挖掘领域的重要研究课题。

在实际应用中，由于数据的获取技术有限，数据存储、传输过程中受到噪声和外界干扰等诸多不确定因素的影响，实际获得的数据经常伴随着不精确、不完整以及更新不及时等问题，导致不确定图数据的广泛存在。例如，在蛋白质交互网络中[123]，由于蛋白质的测量过程存在误差且生物实验技术手段有限，研究对象的结构特征可能呈现动态变化，使得某些分子结构或基因片段的属性无法精密确定。因此，将蛋白质抽象为节点时，蛋白质间的交互作用只能抽象为节点之间具有概率属性的边，其中概率值描述的是这些蛋白质交互在自然界中实际发生的可能性。这样，蛋白质交互网络就抽象为不确定图。通过不确定图分析研究蛋白质交互作用可以帮助人们更深入地了解疾病，针对重大疾病和疑难杂症探索新的治疗方法,目前已广泛应用于纳米生物科技等研究领域。在无线传感器网络中,每个节点都具有侦听、睡眠等多个状态,有的节点还可能因电能耗尽而失效,因此,网络中的通信链路只能以不完全确定的形式存在,各节点之间也应该以一定概率连通并进行通信[124],从而将无线传感器网络构建为不确定图。分析网络中的通信状况有助于进一步优化网络结构、提升网络工作效率和改善数据传输质量。在社交网络中,社交个体之间、个人与群组之间以及各个社区之间,都可能存在着交互关系。然而,不同时间段内社交对象之间的交互频率和关联强度存在差异,社交网络的结构属性常常发生动态变化,使得不同个体之间以及个体与社区之间存在的社交关系产生不确定性,这样的社交网络也就构成了不确定图。实际社会生活中的关系可以通过不确定图中用户通信和交互的记录分析得出,进而有助于用户推荐系统的构建以及广告和资讯的精准投递。

近年来,针对不确定图的研究工作取得了丰硕成果,但目前仍无法满足实际应用的广泛需求。主要原因如下:第一,与传统的确定数据相比,图数据是一种更复杂的数据结构,其中最基本的比较、包含等简单运算在图数据中对应为图同构和子图同构等复杂操作。而图同构问题目前没有多项式算法,子图同构已被证明为 NP-完全问题。图数据中的许多其他问题如节点覆盖问题、极大团问题等也都被证明是 NP-完全问题,时空复杂度非常高。第二,对于不确定数据,人们通常使用可能性世界理论进行解释和研究。当使用"可能性世界"模型处理不确定图数据时,除了考虑原有图数据中的复杂问题,还需要处理图数据的不确定性语义,其中包括相当于传统数据指数级的可能图实例,这大大增加了挖掘任务的复杂程度。第三,随着大数据时代的到来,可以获得的数据量呈指数级增长,越来越多的不确定图中具有海量节点和连接节点的边,即使是简单操作,数据规模的增长也使得计算复杂度呈指数级上升,致使传统的挖掘算法难以有效执行。

2.5.1　不确定图数据模型

在不确定图中,数据的不确定性可能表现为多种类型。第一种情况下,图中节点或边存在的可能性在现实世界中并不明确,因此,通常以一定的概率描述节点或边真实存在的可信程度,这称为图数据的存在结构不确定性,强调的是边和顶点的不确定性,且边和顶点的概率函数是相互独立的,它们的属性是确定的;第二种情况下,图中节点或边包含的属性取值是不确定的，这称为图数据的属性不确定性，强调的是顶点和边上属性的不确定性，各属性的概率函数是相互独立的，即它们的属性是不确定的。由于结构不确定性是图数据中独有的不确定性数据类型，因此在不确定图挖掘领域得到格外关注。

在确定无向图 $G=(V,E)$ 中，顶点集 V 代表实体的集合，边集 E 代表实体之间的关系。若顶点对 u 和 v 之间存在连接边 $e_{u,v}=(u,v)\in E$，则意味着顶点 u 和 v 在某种意义上相接。顶点 v 的度 $\deg(v)$ 指与 v 相接的边的条数。在许多情况下，图中的每一条边 e 需要用概率值 $p(e)$ 标注，表示这些边真实存在的可信程度。这也意味着，既然一条边以 $p(e)$ 的概率值出现在图中，那么这条边不在图中出现的概率值就是 $1-p(e)$。这就产生了最简单的不确定图，又称为概率图。显然，概率图 $g=(V,E,p)$ 是一个三元组，其中 V 是节点的集合，E 是边的集合，p：$E\to(0,1]$ 对应边存在的概率值。一种广泛用于分析不确定图的理论工具是可能性世界理论。根据可能性世界模型，每一个可能性世界就是一个不确定图 g 的确定性实例，它以概率的形式出现在不确定图中。这样，不确定图 g 可以看作是一个包含 $2^{|E|}$ 个可能的确定图数据的集合 $\{G=(V,E_G)\}_{E_G\subseteq E}$。如果 G 可以是不确定图 g 的一个可能性世界，那么 $G=(V,E_G)$ 成为不确定图 g 的一个可能性世界的概率，可以通过如下公式计算得到：

$$\Pr(G\mid g)=\prod_{e\in E_G}p(e)\prod_{e\in E\setminus E_G}(1-p(e)) \tag{2.2}$$

考虑图 2.1 中不确定图 g 和它的两个可能性实例 G_1、G_2。具有高概率值的边在不确定图 g 的实例中更频繁出现，因此，具有高概率值的边更容易形成三角形，出现在不确定图 g 的随机实例中。例如，边 v_4、v_5 和 v_6 都在可能性实例 G_1 和 G_2 中呈现三角形结构，不难理解其原因就是这三条边都具有较高概率值 0.9，因此，它们在一个随机实例中出现的概率值为 $0.9\times0.9\times0.9=0.729$；而三角形$(v_1,v_4,v_5)$在一个随机实例中出现的概率为 $0.5\times0.2\times0.9=0.09$，它们并没有在实例 G_1 和 G_2 中形成三角形结构。

在某些应用中，需要在确定图的顶点和边上添加标记，从而得到带标记的确定图。这样，带标记的确定无向图 $G=(V,E,\Sigma,L)$ 是一个四元组，其中，V 是顶点集，$E\subseteq V\times V$ 是边集，Σ 是标记集，$L:V\cup E\to\Sigma$ 是一个标记函数，指示需要将标记赋予图中的顶点或/和边。同样，带标记的不确定图就是一个五元组：$G=(V,E,\Sigma,L,p)$，其中$\{V,E,\Sigma,L\}$与确定图中的定义一样，$p\in(0,1]$表示边的存在概率。这种不确定图实际上是一种边上带有

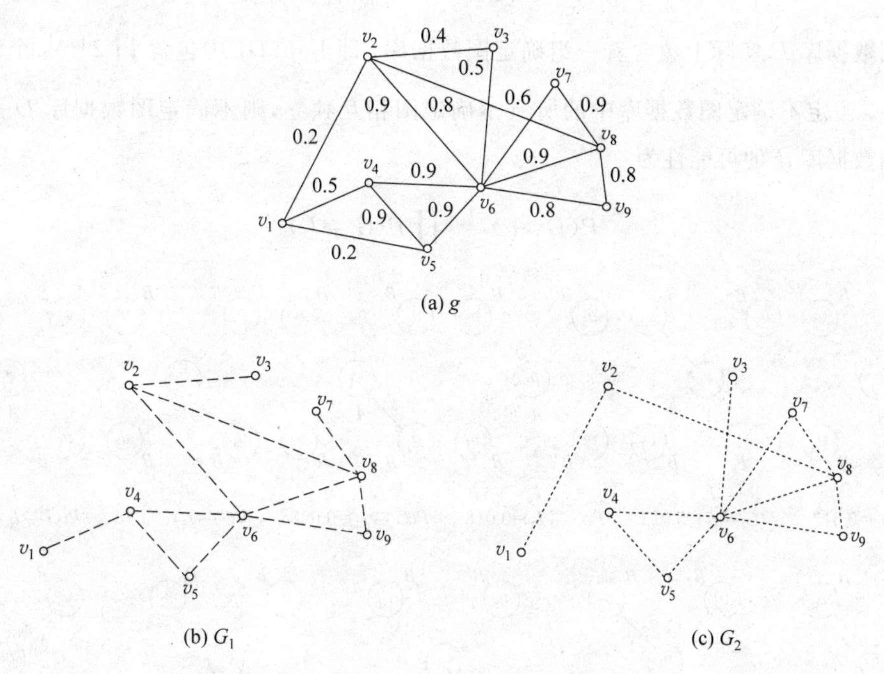

图 2.1　概率图 g 和它的两个可能性实例[125]

权值的特殊加权图，边上的权值表示该边在其连接的两个端点之间实际存在的可能性（见图 2.2）。概率 p 取值为 1 表示这条边一定存在，确定图可以看作一个所有边的存在可能性皆为 1 的特殊不确定图，而一个不确定图表示其蕴含的全部确定图上的概率分布。如果确定图 $I=(V',E',\Sigma',L')$ 被不确定图 $G=(V,E,\Sigma,L,p)$ 蕴含（记作 $G\Rightarrow I$），则 I 和 G 具有相同的顶点集且 I 的边集是 G 的边集的子集，不确定图 G 蕴含确定图 I 的可能性为

$$P(G\Rightarrow I)=\prod_{e\in E'}p(e)\prod_{e\in E-E'}(1-p(e)) \tag{2.3}$$

令 $\mathrm{Imp}(G)$ 表示不确定图 G 蕴含的所有确定图的集合，$P(G\Rightarrow I)$ 定义了样本空间 $\mathrm{Imp}(G)$ 上的一个概率分布（见图 2.3）。如此，一个不

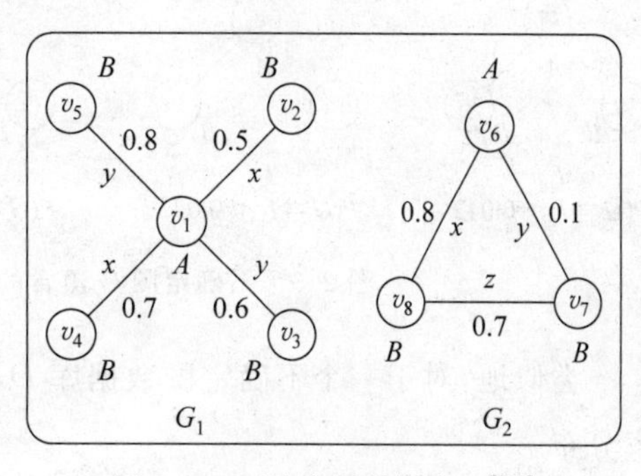

图 2.2　不确定图数据库 D[125]

确定图数据库 D 实际上蕴含着一组确定图数据库，即 Imp(D) 中包含 $\prod_{i=1}^{n} 2^{|E_i|}$ 个确定图数据库。假定不确定图数据库中的所有不确定图相互独立，则不确定图数据库 D 蕴含着确定图数据库 d 的可能性为

$$P(D \Rightarrow d) = \prod_{i=1}^{n} P(G_i \Rightarrow I_i) \tag{2.4}$$

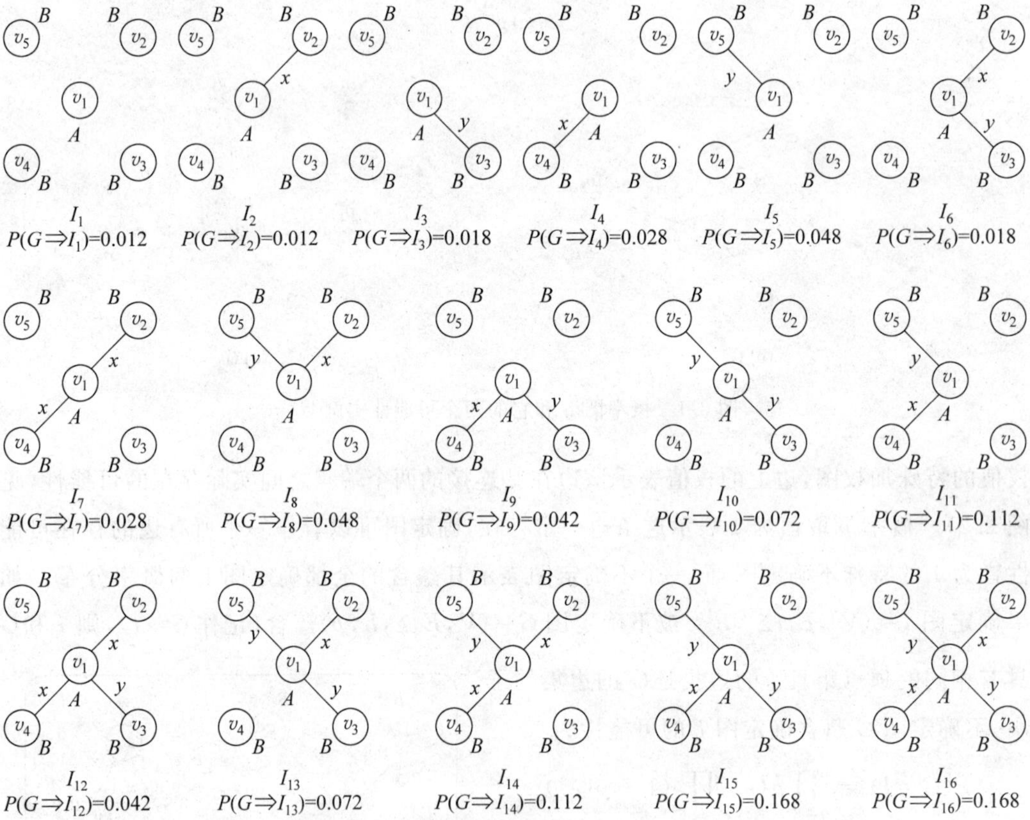

I_1 $P(G \Rightarrow I_1)=0.012$　I_2 $P(G \Rightarrow I_2)=0.012$　I_3 $P(G \Rightarrow I_3)=0.018$　I_4 $P(G \Rightarrow I_4)=0.028$　I_5 $P(G \Rightarrow I_5)=0.048$　I_6 $P(G \Rightarrow I_6)=0.018$

I_7 $P(G \Rightarrow I_7)=0.028$　I_8 $P(G \Rightarrow I_8)=0.048$　I_9 $P(G \Rightarrow I_9)=0.042$　I_{10} $P(G \Rightarrow I_{10})=0.072$　I_{11} $P(G \Rightarrow I_{11})=0.112$

I_{12} $P(G \Rightarrow I_{12})=0.042$　I_{13} $P(G \Rightarrow I_{13})=0.072$　I_{14} $P(G \Rightarrow I_{14})=0.112$　I_{15} $P(G \Rightarrow I_{15})=0.168$　I_{16} $P(G \Rightarrow I_{16})=0.168$

图 2.3　不确定图 G 蕴含的全部确定图集合上的概率分布[125]

类似地，对于一个不确定图数据库 D，$P(D \Rightarrow d)$ 定义了样本空间 Imp(D) 上的一个概率分布。

与解决确定图中的子图模式挖掘问题相比，处理带有存在概率的不确定图数据，对传统算法的执行效率提出了巨大挑战，在确定图中用多项式算法易于解决的问题，对应出现在不确定图中会因为边存在的不确定性变得困难重重。例如，人们关心的是节点 u 和 v 在距离阈值范围内彼此可达的概率，若是在传统的确定无向图中，这两个节点是否可达会有明确的答案，计算最短路径长度问题是一个很普通的图操作，可以用 Dijkstra 最短路径算法在多项式时间内解决；而在不确定图中，计算节点是否可达的概率值却需要昂贵的计算代价，因为该问题是一个 NP-完全问题。图数据中的许多其他问题（如最近邻问题等）在不确定图数据模型中也遇到了类似困难。

2.5.2　不确定频繁子图模式挖掘技术

频繁子图模式挖掘（Frequent Subgraph Mining）是指在图数据集合中挖掘出现频率（支持度）大于等于用户指定阈值的公共子结构（通常指连通子图）。常见的频繁子图挖掘算法可以分为四类：基于 Apriori 先验性质的算法、基于模式增长的算法、基于模式增长和模式归约的算法以及基于最小描述长度的近似算法。

基于 Apriori 先验性质的频繁子图模式挖掘算法依据的是 Apriori 反单调性：如果一个图是频繁的，那么它的任意子图都是频繁的；如果一个图是非频繁的，那么它的任意超图都是非频繁的。早期的确定图挖掘算法，就是将该性质扩展应用到图数据集中实现有效频繁子图模式的搜索和挖掘任务，如 AGM (Aprior based Graph Mining)算法[126]、FSG (Frequent Subgraph Discovery)算法[127]和 path-join 算法[128]。AGM 算法基于广度优先搜索，逐步增加节点个数扩展子图模式的规模，直至挖掘出所有频繁子图，特别适合执行稠密图数据集上的挖掘任务。FSG 算法采用逐步增加边数的方法对子图模式进行结构扩展，并利用候选子图剪枝等策略优化和提高算法的性能。path-join 算法依据与边不相交的路径数目衡量子图模式的大小，采用新的支持度定义，在图数据集中广度优先搜索可能的频繁子图。基于 Apriori 先验性质的频繁子图挖掘算法受限于其固有的计算效率低和占用存储空间大等问题，致使算法的挖掘效率不高。

基于模式增长的算法采用深度优先策略遍历子图模式空间，以满足规则的子图为基础扩展产生超图模式，直至发现所有频繁子图模式。基于模式增长的算法避免产生大量的候选子图,在扩展子图模式的同时进行支持度计算。与基于 Apriori 先验性质的频繁子图挖掘算法相比,该类算法具有更高的挖掘效率。

典型的基于模式增长的频繁子图模式挖掘算法包括 gSpan、MoFa、FFSM(Fast Frequent Subgraph Mining)和 Gaston 等[129]。这些算法的主要思想是:通过逐步扩展频繁边的方式递归产生边数加 1 的候选子图模式,利用剪枝等策略删除非频繁子图,直至发现所有的频繁子图模式。这种基于模式增长的算法避免了搜索过程中繁复的连接操作,改善了算法的执行效率。2002 年,Yan 等提出了 gSpan 算法[130]:首先依据字典序重新排列图数据;然后采用最右路径扩展技术,仅对子图模式最右侧路径上的节点实施边扩展操作;最后基于深度优先搜索策略实施频繁子图模式挖掘操作,有效减少了对子图模式的冗余探索,明显提高了挖掘效率。Huan 等[131]提出的 FFSM 算法,在一个代数图框架内实施垂直搜索策略,大大减少了冗余模式和候选模式的数量,提高了挖掘效率。Nijssen 和 Kok 基于不同层次的子图模式彼此包容这一事实,提出"快速启动"原则[132]。在子图模式挖掘过程中,首先搜索频繁路径,然后是频繁自由树,最后搜索循环图。其主要思想是将子图模式挖掘算法划分为由简入繁、日益复杂的开发步骤,挖掘过程更为简洁、高效。

除此之外,在挖掘过程中遵循减少候选子图数量、缩减图数据集规模的原则,目前的研究成果中出现了各种"精简"的子图模式挖掘算法[125]。例如,CloseGraph 算法用于挖掘闭合频繁子图模式;SPIN 和 MARGON 算法用于挖掘极大频繁子图模式;ORIGAMI 和 Sampling 算法用于挖掘有代表性的频繁子图模式;LEAP 采用解耦跳跃搜索和支持度递减策略挖掘最重要的频繁子图模式;GraphSig 采用图空间到特征空间影射的方法近似挖掘重要子图模式;SUBDUE 基于最小描述长度挖掘近似频繁子图模式,等。

传统的频繁子图模式挖掘中,一个子图模式是否频繁可以根据其支持度计数来衡量。然而,当图数据中存在不确定性时,子图模式是否出现应以存在概率作为衡量指标,因此,原有的频繁子图模式定义不再成立,针对确定图数据的频繁子图挖掘方法在处理不确定图挖掘问题时遇到了极大困难。首先,传统的图数据模型无法描述数据的不确定性语义,并且传统图挖掘问题的定义在不确定图数据上也不再成立,因此,现有的传统图挖掘算法无法解决不确定子图模式挖掘问题;再者,不确定图数据库中子图的数量是不确定图数量的指数级别,显然枚举所有的子图模式是不现实的。也就是说,不确定图数据的出现使得挖掘任务的复杂程度急剧增加，传统的图挖掘算法无法处理结构更加复杂的不确定图数据，从而无法解决难度更大的不确定子图模式挖掘问题。因此，需要设计更加高效的算法解决不确定图数据库中频繁子图模式挖掘问题。

目前，不确定频繁子图模式挖掘研究仍是数据挖掘领域的研究前沿，主要研究成果体现在如下几个方面：基于不确定图的最可靠子图模式挖掘、不确定图中频繁子图模式挖掘、不确定图上有代表性频繁子图模式挖掘问题等。

2007 年，Hintsanen 首先研究了不确定图中的最可靠子图模式挖掘问题[133]，定义了基于概率的最可靠子图并提出了 MRSP 算法。该算法采用贪婪启发式方法和图剪枝策略，依据伯恩鲍姆可信度发现并移除不相关的边，挖掘最可靠频繁子图模式。2008 年，De Raedt 等[134]给出了最可靠频繁子图模式问题的一阶逻辑形式；依据 ProbLog 理论的压缩方法，使用二元决策图(BDD)计算子图的可信度，依次移除可信度最小的边后再次进行可信度评价并剪枝，直至挖掘出所有的最可靠频繁子图模式。显然，此方法得到了更好的挖掘效果，但计算成本较高，在处理大型图数据库时，数量巨大的重复可信度计算使算法的时间复杂度过高。这也说明避免大量冗余计算的方法应该具有更好的性能。针对上述两种算法存在的计算复杂度问题，Hintsanen 等提出了两种旨在提高大图中 MRSP 算法执行效率的新方法[135,136]。其中，BPI 算法基于最优路径增长思想，采用启发式的方法逐步扩展子图模式，然后使用蒙特卡洛剪枝获得需要的最可靠子图；SPA 算法基于系列并行增强思想，以贪心迭代法直接优化子图的可信度计算效率，具体方法是：首先使用组合规则递归定义并行图，然后通过构建系列并行图大大降低可信度计算的复杂性，同时算法采用基于图数据受限类的可信度计算方法，提高了评估的有效性。这两种改进的基于贪心策略逐步扩展子图模式的算法对原始图数据的大小并不敏感，有效解决了大图数据中的最可靠子图模式挖掘问题。2011 年，Jin 等[137]认识到最可靠子图模式的精确挖掘任务中计算复杂度过高等问题，采用抽样技术设计实现基于概率的高度可靠子图模式近似发现方法。该方法首先将挖掘任务转换为确定图中的频繁紧密集问题；然后结合新的剥离技术进行最大集发现，采用深度优先搜索枚举更大子图模式。实验结果表明，这种两阶段法得到了有效的挖掘结果。

2009 年，哈尔滨工业大学的邹兆年等第一次提出不确定图中的频繁子图模式挖掘问题。作者在文献[138]中给出了带标记的不确定图数据模型;依据期望支持度的 Apriori 先验性质,提出了一种基于深度优先搜索的频繁子图模式挖掘算法,其中高效的期望支持度计算方法和有效的子图模式搜索裁剪技术,将计算子图模式期望支持度所需的子图同构测试数量成功地从指数级别降低到线性级别,但算法中期望支持度的计算代价较大。在证明了计算子图模式的期望支持度是一个 NP-难问题之后,2009 年,Zou 等提出了一种在不确定图中发现频繁子图模式的近似挖掘算法[139]。通过对子图模式的期望支持度设置一定范围的容忍度,该算法试图计算一个 ε-近似频繁子图模式集合,并以较高的计算效率找到近似频繁子图模式,避免了精确计算子图模式的期望支持度所带来的困难。目前针对不确定性问题的研究表明,基于期望支持度的频繁模式定义可能会带来信息丢失问题,仅适合探索不确定图数据的内在结构模式,而概率语义下的频繁子图模式更适合提取不确定图数据中的具体特征,所以,基于概率频度的频繁子图模式挖掘技术得到了更多关注。2010 年,Zou 等定义了基于概率频度的频繁子图模式[140],提出了基于概率频度的频繁子图模式近似挖掘算法。论文首先证明了概率语义下的频繁子图模式挖掘问题是一个 NP-难问题,基于动态规划的精确挖掘方法无法高效实现挖掘任务。为了降低计算复杂度,文献[141]依据给定的容错度 ε 计算一个包含伪正例的 ε-近似频繁子图模式集合,提出了基于概率频度挖掘近似频繁子图模式的随机算法,并给出了失败概率参数 δ 的设置方法以保障近似挖掘结果的质量。近几年,针对上述算法的各种改进和优化策略相继出现。例如,2011 年,Jamil 等在不确定图数据中加入边权重因子,以期减少子图模式同构检测操作;针对子图搜索时间过长、效率较低的不足,提出基于划分思想的混合策略进一步提高算法的执行效率。2013 年,王文龙提出旨在改进不确定图上频繁子图模式挖掘性能的 MUSIC 算法[142]。该算法根据 Apriori 先验性质有效枚举可能的子图模式,利用不确定图数据库上建立的 UG 索引减少挖掘过程中计算每个候选模式的期望支持度所需的比较次数,并采用基于待检验蕴含图的调度策略和剪枝优化策略进一步提高算法性能。但是,在当前文献中尚未看到不确定频繁子图模式挖掘突破性研究成果。

近几年,大规模图数据不断涌现,面对可能出现的数量庞大的图模式数据集合,如何挖掘出满足实际应用的有代表性的频繁子图模式成为新的研究热点。2010 年,韩蒙等提出基于随机游走技术的 k-极大频繁子图模式挖掘算法[143],避免枚举指数级别候选子图模式所需的大量计算开销。2011 年,Han 等人研究了从不确定图中发现 k-紧密子图的问题[144],基于树搜索策略提出枚举解空间并剪枝获得最优解的 TreeClose 算法;针对该算法在处理大图数据时时空复杂度过高等问题,作者又提出了基于贪心策略的 2-近似算法。邹兆年等也提出了概率语义下的 Top-k 极大团挖掘问题和相关算法[145],以期解决蛋白质复合体预测中的重要应用问题。2014 年,Parchas 等提出不确定图数据中有代表性子图实例挖掘问题[146],旨在解决指数级别子图模式中的查询匹配应用需求,并给出两种典型算法。2017 年,邹兆年等又提出不确定图中的 k-truss 分解问题[147]。所谓图的 k-truss 架构是指图中最大边的导出子图,使得每条边包含在子图的至少 k 个三角形结构中。

哈尔滨工业大学李建中教授的数据挖掘团队在不确定图数据上的频繁子图模式挖掘及相关研究领域做了大量工作,科研成果斐然。实际应用中的不确定图数据具有数据规模大、数据增长率快、数据更新频繁等特点,针对不确定图数据的新应用不断出现,基于不确定图数据的频繁子图模式挖掘研究面临着新问题、新挑战,需要科研工作者不懈的努力和探索。

2.6　不确定高效用项集挖掘

传统的频繁模式挖掘研究只考虑项目在数据库中出现的频度。而在现实应用中,人们关注的焦点可能包含其他因素,如利润、质量、价格等。高效用项集挖掘就是在同时考虑数量和利润等多种因素的前提下解决数据库中的频繁模式挖掘问题。目前,大多数高效用项集挖掘算法假设存储在数据库中的信息是确定的。然而,在不确定数据环境下,一个项目出现与否通常以存在概率的形式来描述。当前虽然涌现了许多高效用项集挖掘算法,但是针对不确定数据的高效用项集挖掘方法却是凤毛麟角。不确定高效用项集挖掘成为新的研究热点。

2.6.1　不确定高效用数据模型

高效用项集挖掘(High Utility Item Set Mining)是基于局部效用(如数量)和外部效用(如利润)找到数据库中罕见的高效用项集的过程。在实际应用中,高效用项集往往是数量稀少但是效用(一般指利润)极高的,显然基于概率频度的不确定频繁项集挖掘算法无法实现这样的挖掘任务。因此,人们使用潜在概率来描述高效用项集,这里的高潜在概率与不确定频繁项集中期望支持度这一度量单位类似。

不确定高效用项集挖掘技术通常用在不确定定量数据库上实施挖掘任务。实际上,不确定定量数据库就是包含利润表(效用表)的不确定数据库。因此,相应的不确定高效用数据模型也分为元组级和属性级两种。

元组级不确定高效用数据模型[148] 令 $I=\{i_1,i_2,\cdots,i_m\}$ 表示 m 个不同项目组成的有限集合。在不确定定量数据库 $D=\{T_1,T_2,\cdots,T_n\}$ 中(见表 2.8),每条事务 $T_q\in D(1\leqslant q\leqslant n)$ 是由不同项目构成的项集,是集合 I 的子集,用事务标识符 TID 表示。事务 T_q 包含的每个项目 i_j 是一个二元组 $q(i_j,\mathrm{num}_{T_q})$,其中 num_{T_q} 表示事务 T_q 中包含项目 i_j 的数量。每条事务还对应一个存在概率 $p(T_q)$,描述该事务(元组)出现的可能性。此外,数据库中的每个项目 i_j 对应一个利润值 pr_j,所有项目的利润值保存在一张利润表 ptable 中,表示为 $\mathrm{ptable}=\{\mathrm{pr}_1,\mathrm{pr}_2,\cdots,\mathrm{pr}_n\}$。示例如表 2.9 所示。

表 2.8 一个不确定定量数据库

TID	事务(项目,数量)	概率
T_1	$(A,2)$ $(C,3)$ $(E,2)$	0.9
T_2	$(B,2)$ $(D,2)$	0.7
T_3	$(A,1)$ $(B,2)$ $(C,1)$ $(E,3)$	0.85
T_4	$(C,2)$	0.5
T_5	$(B,3)$ $(D,2)$ $(E,1)$	0.75
T_6	$(A,2)$ $(C,2)$ $(D,5)$	0.7
T_7	$(A,1)$ $(B,1)$ $(D,4)$ $(E,1)$	0.45
T_8	$(B,4)$ $(E,1)$	0.36
T_9	$(A,3)$ $(C,3)$ $(D,2)$	0.81
T_{10}	$(B,2)$ $(C,3)$ $(E,1)$	0.6

表 2.9 利润表

项目	A	B	C	D	E
利润	4	1	12	6	15

属性级不确定高效用数据模型[149] 令 $I=\{i_1,i_2,\cdots,i_m\}$表示 m 个不同项目组成的有限集合。每个项目 $i_p(1\leqslant p\leqslant m)$包含单元值 $u(i_p)$。项集 X 是由若干项目组成的非空子集,简写为 $X=i_1i_2\cdots i_t(t\leqslant m)$。给定不确定事务数据库 $D=\{T_1,T_2,\cdots,T_n\}$(见表 2.10),其中每条事务 $T_q(1\leqslant q\leqslant n)$表示为二元组$\langle \text{TID},Y\rangle$,这里的 TID 为事务标识符;$Y=\{y_1(q_1),y_2(q_2),\cdots,y_m(q_m)\}$由 m 个不同单元构成,每个单元包含一个项目 y_i 和相应的存在概率 q_i,意味着项目 y_i 出现在事务 TID 中的概率为 q_i。除了不确定数据库之外,还有一张保存所有项目利润值的表 $\text{ptable}=\{\text{pr}_1,\text{pr}_2,\cdots,\text{pr}_n\}$,其中 pr_j 表示项目 i_j 对应的利润值(见表 2.9)。

表 2.10 一个属性级不确定数据库

TID	事 务
T_1	$A(0.2)$ $C(0.3)$ $E(0.2)$
T_2	$B(0.2)$ $D(0.3)$
T_3	$A(0.1)$ $B(0.2)$ $C(0.1)$ $E(0.3)$
T_4	$C(0.2)$
T_5	$B(0.3)$ $D(0.2)$ $E(0.1)$
T_6	$A(0.2)$ $C(0.2)$ $D(0.5)$
T_7	$A(0.1)$ $B(0.1)$ $D(0.4)$ $E(0.1)$
T_8	$B(0.4)$ $E(0.1)$
T_9	$A(0.3)$ $C(0.3)$ $D(0.2)$
T_{10}	$B(0.2)$ $C(0.3)$ $E(0.1)$

这样,不确定高效用项集挖掘就是在给定最小效用阈值 ε 和最小潜在概率阈值 μ 的前提下,挖掘同时满足上述两个最小阈值要求的所有项集的过程。这里,事务 T_q 中一个

项目 i_j 的效用定义为 $u(i_j,T_q)=q(i_j,T_q)\times \mathrm{pr}(i_j)$；事务 T_q 中一个项集 $X=i_1 i_2\cdots i_m$ 的效用定义为 $u(X,T_d)=\sum_{i_j\in X\wedge X\subseteq T_q} u(i_j,T_q)$；一个项集 $X=i_1 i_2\cdots i_m$ 在数据库 D 中的效用定义为 $u(X)=\sum_{X\subseteq T_q\wedge T_q\in D} u(X,T_q)$；一个项集 $X=i_1 i_2\cdots i_m$ 在数据库 D 中的潜在概率定义为 $\mathrm{Pro}(X)=\sum_{X\subseteq T_q\wedge T_q\in D} \mathrm{pr}(X,T_q)$；一条事务 T_q 的事务效用定义为 $\mathrm{tu}(T_q)=\sum_{j=1}^{m} u(i_j,T_q)$；一个数据库的总效用定义为 $\mathrm{TU}=\sum_{T_q\in D}\mathrm{tu}(T_q)$。例如，在表 2.8 所示元组级不确定高效用数据模型中，项目 C 在事务 T_1 中的效用为 $u(C,T_1)=q(C,T_1)\times \mathrm{pr}(C)=3\times 12=36$；项集 $\{A,C\}$ 在事务 T_1 中的效用为 $u(\{A,C\},T_1)=u(A,T_1)+u(C,T_1)=q(A,T_1)\times \mathrm{pr}(A)+q(C,T_1)\times \mathrm{pr}(C)=2\times 4+3\times 12=44$；项集 $\{A,C\}$ 在数据库 D 中的效用可以计算得到：$u(\{A,C\})=u(\{A,C\},T_1)+u(\{A,C\},T_3)+u(\{A,C\},T_6)+u(\{A,C\},T_9)=44+16+32+48=140$。

同理，在表 2.10 所示属性级不确定高效用数据模型中，项目 A 在事务 T_1 中的效用为 $u(A,T_1)=q(A,T_1)\times \mathrm{pr}(A)=0.2\times 4=0.8$；项集 $\{A,C\}$ 在事务 T_1 中的效用为 $u(\{A,C\},T_1)=u(A,T_1)+u(C,T_1)=q(A,T_1)\times \mathrm{pr}(A)+q(C,T_1)\times \mathrm{pr}(C)=0.2\times 4+0.3\times 12=4.4$；项集 $\{A,C\}$ 在数据库 D 中的效用可以计算得到：$u(\{A,C\})=u(\{A,C\},T_1)+u(\{A,C\},T_3)+u(\{A,C\},T_6)+u(\{A,C\},T_9)=4.4+1.6+3.2+4.8=14$。

潜在高效用项集挖掘问题　给定一个不确定数据库 D、数据库的总效用 TU、用户指定的最小效用阈值 ε、用户指定的最小潜在概率阈值 μ，不确定数据库中的潜在高效用项集挖掘问题就是发现那些效用值大于等于 $\varepsilon\times \mathrm{TU}$，并且潜在概率大于等于 $\mu\times|D|$ 的所有项集。

2.6.2　不确定高效用项集挖掘技术

2003 年，Chan 等首先提出高效用项集的概念[150]，并设计了一种面向特定业务目标的 Top-k 高效用闭合模式挖掘算法。鉴于同时考虑正效用和负效用，Apriori 先验性质不再成立，该算法设计实现了新的低效用项集弱剪枝策略。用户无须指定最小效用阈值，新算法就能以层次挖掘的方式找到满足业务需求的高效用闭合模式。2004 年，Yao 等[151]

研究了针对项集间效用关系的挖掘方法。不仅根据事务数据库中的信息,同时兼顾外部效用信息准确标识高效用项集,论文确定了效用边界性质和支持度边界性质,建立了基于上述两个性质的效用挖掘数学模型。2005年,Liu等提出一种高效挖掘高效用项集的两阶段模型[152]。基于事务加权向下闭合性质,两阶段模型通过剪枝策略有效减少候选项集的数量,同时准确发现完整的高效用项集集合。2009年,Ahmed等提出基于树结构的高效用项集增量挖掘模型——IHUP模型[153]。作者提出了三种树结构:项目按字典序排列的增量树结构IHUPL-tree、项目按事务频率降序排列的紧凑树结构$IHUP_{TF}$-tree、项目的TWU值按照降序排列的加权事务效用树结构$IHUP_{TWU}$-tree。这三种树结构分别在简捷易处理、空间复杂度低、时间复杂度小三个方面各具优势。2011年,Liu等提出一种无须产生候选项集的单阶段挖掘方法[154],利用前缀扩展产生候选项集,通过效用上界限定搜索空间,并采用新的树结构保持挖掘过程中原始的效用信息,从而达到了计算紧边界实现强有力剪枝,直接快速识别高效用项集的目的。此外,Tseng等也提出了UP-tree结构和两个高效用项集挖掘算法,即UP-growth和$UP\text{-}growth^{+}$算法。Liu等提出构建效用表和集合枚举树并实现有效剪枝的HUI-Miner算法。Fourier等提出考虑2-项集共同出现次数以增强剪枝效果的FHM算法。这些算法大都基于传统的频繁项集挖掘方法,从不同角度设计高效的剪枝策略,实现缩小搜索空间、提高挖掘效率的目的。

相比于确定数据库中高效用项集挖掘方法的累累硕果,不确定高效用项集挖掘作为一个新兴的研究方向,目前成熟的研究成果屈指可数。2015年,Lin等首先提出不确定高效用项集挖掘中的科研问题[148],发表了该领域的第一篇奠基性论文[155]。在论文中,作者给出元组级不确定高效用数据模型和潜在高效用项集等重要定义,提出潜在高效用项集挖掘框架(PHUIM),设计了有效的不确定高效用项集挖掘方法—PHUI-UP算法和PHUI-list算法[156]。其中,PHUI-UP算法基于上界模型,采用Apriori-like框架,分层挖掘不确定高效用项集。作为PHUI-UP算法的改进版本,PHUI-list算法基于垂直数据格式的概率效用表(PU-list)建立集合枚举树结构,采用两种向下闭合性质进行搜索空间剪枝,在保证完整性和正确性的同时,实现高效的不确定高效用项集挖掘任务。实验结果证明这两种算法的有效性和改进算法的先进性。几乎同时,Lan等也研究了实际应用中的不确定高效用项集挖掘问题,给出属性级不确定高效用数据模型,并提出UHUI-Apriori

算法[149]。由于 Apriori 先验性质无法直接用于不确定高效用项集挖掘任务，作者提出并证明了适用于不确定数据库的 HTWUI 向下闭合性质，并成功用于 UHUI-Apriori 算法实施有效的剪枝操作，因而在时空代价方面取得了优于直接搜索方法的良好效果。考虑到实际应用中挖掘出的不确定高效用项集数量可能异常巨大这一问题，2016 年，Bui 等提出挖掘不确定高效用闭项集的 CPHUI-list 算法[157]，从而减少了输出结果的数量，达到了便于信息利用的目的。CPHUI-list 算法基于新的 PEU-list 数据结构，采用深度优先策略遍历搜索空间。通过高加权事务概率的向下闭合性质剪枝非闭合的潜在高效用项集，CPHUI-list 算法无须产生候选项集，并能有效挖掘所有的不确定高效用闭项集。

显然，不确定高效用项集挖掘研究作为新兴的科研领域，目前正处于起步阶段。实际应用中不断发现新问题，需要探索新的解决方案，促使该研究不断向新的方向拓展，包括不确定高效用项集挖掘与流数据挖掘[158]、Top-k 模式挖掘[159]和序列模式挖掘[160]等研究方向的交叉和互相借鉴。

2.7 不确定加权频繁项集挖掘

在传统的频繁模式挖掘研究中，假设所有项目具有相同的重要性，从而忽略了不同项目间重要程度的差异。而实际应用的某些数据库中，出现在同一事务中的多个项目具有权值不同的重要性，表示它们对该事务存在不同的贡献值。这时，如何将挖掘焦点转向那些拥有较大权重，存在更重要关系的项目，而不是湮没在大量的价值甚微的项目集合中？为了解决这一问题，得到实际应用需要的更有价值的知识，挖掘任务可能在带有项目权值表的数据库中进行，这就是加权频繁项集挖掘（Weighted Frequent Itemset Mining）的应用需求。加权频繁项集的权值表中保存用户分别为每个项目设置的权重取值，表示利息、风险或利润等，反映的是项集之间更加丰富的关联信息和相互作用。作为频繁项集挖掘的扩展和升级，加权频繁项集挖掘在实践中不仅考虑项集出现的频率，同时关注项目之间关系的重要程度，在实际生产和生活中拥有广泛的应用场景，因而也得到研究人员的持续关注。随着不确定数据的涌现，基于不确定数据库的加权频繁项集挖掘技术也进入人们的视野，并且即将成为一个崭新的研究热点。

2.7.1　不确定加权数据模型

令 $I=\{i_1,i_2,\cdots,i_m\}$ 表示 m 个不同项目组成的有限集合。在不确定数据库 $D=\{T_1, T_2,\cdots,T_n\}$ 中(见表 2.11),每条事务 $T_q\in D$ 是由不同项目构成的项集,是集合 I 的子集,用事务标识符 TID 表示。在属性级不确定数据库中,一条事务 T_q 包含的每个项目拥有各自的存在概率 $p(i_j,T_q)$,描述该项目出现在当前事务中的可能性。此外,数据库中的每个项目 i_j 对应一个权值 $w(i_j)$,所有项目的权值保存在一张权值表 wtable 中(见表 2.12),表示为 wtable$=\{w(i_1),w(i_2),\cdots,w(i_n)\}$。

表 2.11　一个不确定数据库

TID	事务(项目,概率)
T_1	$(A,0.25)$　$(C,0.4)$　$(E,1.0)$
T_2	$(D,0.35)$　$(F,0.7)$
T_3	$(A,0.7)$　$(B,0.82)$　$(C,0.9)$　$(E,1.0)$　$(F,0.7)$
T_4	$(D,1.0)$　$(F,0.5)$
T_5	$(B,0.4)$　$(C,0.4)$　$(D,1.0)$
T_6	$(A,0.8)$　$(B,0.8)$　$(C,1.0)$　$(F,0.3)$
T_7	$(B,0.8)$　$(C,0.9)$　$(D,0.5)$　$(E,1.0)$
T_8	$(B,0.65)$　$(E,0.4)$
T_9	$(B,0.5)$　$(D,0.8)$　$(F,1.0)$
T_{10}	$(A,0.4)$　$(B,1.0)$　$(C,0.9)$　$(E,0.85)$

表 2.12　权值表

项目	A	B	C	D	E	F
权值	0.2	0.75	0.9	1.0	0.55	0.3

给定一个不确定数据库 D,最小加权期望支持度阈值 ε 和权值表 wtable,不确定加权频繁项集挖掘就是发现那些满足最小阈值条件的所有项集的过程[161]。在不确定加权频

繁项集挖掘任务中，事务 T_q 中项集 X（由 k 个项目组成）的权值定义为项集 X 包含的所有项目的权值之和，即 $w(X,T_q)=\frac{\sum_{i_j \in X} w(i_j,T_q)}{|k|}$；项集 X 在事务 T_q 中的存在概率定义为：$p(X,T_q)=\prod_{i_j \in X} p(i_i,T_q)$；一个项集 X 在不确定数据库 D 中的期望支持度定义为：在包含项集 X 的所有事务中，X 的期望概率之和，即 $\text{expsup}(X)=\sum_{X \subseteq T_q \wedge T_q \in D} p(X,T_q)=\sum_{X \subseteq T_q \wedge T_q \in D}(\prod_{i_j \in X} p(i_j,T_q))$；一个项集 X 在不确定数据库 D 中的期望加权支持度定义为 X 的期望支持度与对应权值的乘积，即 $\text{expsup}(X)=w(X)\times \text{expsup}(X)=w(X)\times \sum_{X \subseteq T_q \wedge T_q \in D} p(X,T_q)$。因此，在属性级不确定加权数据模型中，如以表 2.11 所示的不确定数据库和表 2.12 所示的权值表为例，项集 $\{A,C,E\}$ 在事务 T_1 中的权值为 $w(\{A,C,E\},T_1)=(w(\{A\},T_1)+w(\{C\},T_1)+w(\{E\},T_1))/3=(0.2+0.9+0.55)/3=0.55$；项集 $\{A,C,E\}$ 在事务 T_1 中的概率为 $p(\{A,C,E\},T_1)=p(\{A\},T_1)\times p(\{C\},T_1)\times p(\{E\},T_1)=0.25\times 0.4\times 1.0=0.1$；项集 X 在不确定数据库 D 中的期望支持度为 $\text{expsup}(\{A,C,E\})=p(\{A,C,E\},T_1)+p(\{A,C,E\},T_3)+p(\{A,C,E\},T_{10})=0.1+0.63+0.306=1.036$；项集 X 在不确定数据库 D 中的期望加权支持度为 $\text{expwsup}(\{A,C,E\})=w(\{A,C,E\})\times \text{expsup}(\{A,C,E\})=0.55\times 1.036=0.5698$。

不确定加权频繁项集挖掘问题　给定一个不确定数据库 D、用户指定的权值表 wtable、用户指定的最小期望加权支持度阈值 ε，不确定数据库中的加权频繁项集挖掘问题就是在同时考虑权值和期望概率的前提下，发现那些期望加权支持度不小于最小期望加权支持度阈值的所有项集。例如，对于项集 X，若满足 $\text{expwsup}(X)\geqslant \varepsilon \times |D|$，则项集 X 就是不确定加权频繁项集。

2.7.2 不确定加权频繁项集挖掘技术

1998 年，Cai 等建立了第一个旨在挖掘加权频繁项集的数据模型[162]，并给出加权支持度的计算方法，即使用项目的支持度与平均权值的乘积来度量加权频繁项集，然后发现并证明了 k-支持度边界，从而保证了基于加权支持度的 Apriori 先验性质，并用于实现早期剪枝操作,进而完成有效挖掘加权关联规则的任务。2000 年,Wang 等研究了加权关联规则发现问题并提出 WAR 算法[163]。该算法首先生成频繁项集而不考虑项目权重,然后利用作者设计的有序收缩法从这些频繁项集中得到加权关联规则。针对生成更长加权频繁项集的迭代过程中产生大量候选项集这一问题,2003 年,Tao 等改进了加权支持度模型,提出加权向下闭包性质,解决了加权数据环境下"向下闭合性质"失效问题,开发了一种新的加权关联规则发现方法——WARM 算法[164]。上面这些方法都是基于 Apriori 框架的改进。2005 年,Yun 等提出第一个采用模式增长架构的加权频繁项集挖掘方法——WFIM 算法[165]。为了在满足权值约束的同时保证向下闭合性质,WFIM 算法依据每个项集的权值和支持度分别进行搜索空间的剪枝操作。由于设置了最小权值和权值范围,用户可以自主平衡项集权值和支持度的重要性,同时大大减少了加权候选项集的数目。实验证明,采用最小权值策略的 WFIM 算法更适合用于支持度较小的稠密数据库中实现挖掘任务。2013 年,Vo 等提出基于 WIT-tree 结构的加权频繁项集挖掘方法—WIT-FWI 以及改进算法[166]。实验结果证明,差集策略的使用有利于进一步提高算法的执行效率。传统的上界模型虽然可以解决加权频繁项集挖掘问题,但会生成大量的候选项集,导致算法执行效率较差。针对这一难题,Lan 等提出一种改进模型[167],通过减少候选项集的数量进而缩短执行时间。作者选择一条事务中权值最大的项目作为该事务中所有项目权值的上界,进而提出了一种基于投影的剪枝策略,有助于在挖掘过程中使用更加严格的加权支持度上界,提高算法的执行效率。实验证明,改进后的新模型明显优于包括 WARM 和 WFIM 算法在内的其他加权频繁项集挖掘方法。2016 年,Nguyen 等提出一种采用区间分词结构存储和处理事务集的新方法[168]。该区间分词结构使得事务数据库中项集之间的交操作得以迅速完成,提高了在稀疏加权数据库中实现挖掘任务的执行效率。此外,作者还提出为所有单词提供一个 1b(比特)索引并保存在映射数组中,然后使用这些位映射创建一个项集的 Tidset 表,进而大大提高加权支持度的计算效率。实验证明,与以往算法相比,该方法具有明显的性能优势。

综上所述,加权频繁项集挖掘目前仍是一个活跃的研究领域,新方法、新技术不断涌现。然而在许多现实应用中,仅仅输出加权频繁项集并不能满足用户的实际需求。不确定数据环境下的加权频繁项集挖掘应用进入了科研人员的研究视野,成为一个备受瞩目的新兴研究方向。

相比于确定数据库中加权频繁项集挖掘方法的累累硕果，不确定加权频繁项集挖掘领域的研究成果目前是凤毛麟角。2016 年，Lin 等首先针对不确定数据库中的加权频繁项集挖掘问题[161]，提出一种高期望加权项集的新模式，设计了一种有效的加权频繁项集挖掘算法——HEWI-UApriori 算法。显然，该算法采用类似 Apriori 的两阶段法实施挖掘任务。由于证明并使用了高上界的期望加权向下闭合性质对搜索空间实现早期剪枝，该算法在时空复杂度和发现的模式数量等指标上都表现出明显优势。后来，Lin 等针对 HEWI-UApriori 算法中候选项集数量巨大和时间复杂度过高问题进一步改进，提出了无须多次扫描数据库且不产生大量候选项集的 HEWI-Utree 算法[169]。该算法使用三种新型数据结构，即元素(E)-table，加权概率(WP)-table 和 WP-tree 保存重要信息，进而识别非频繁项集并实现早期剪枝。因此，新算法在时空复杂度和可扩展性等方面获得了优于 HEWI-UApriori 算法的良好性能。2016 年，Ahmed 等扩展了加权频繁项集的研究内容，提出不确定加权相关模式的新概念[170]，即在加权的不确定数据库中发现项集内各项目之间的相互关系，其中项目的权值用于描述关系的重要程度，进而发现有趣的加权频繁模式。为了解决这一问题，作者设计了 WUIP-tree 结构和前缀代理机制改进挖掘性能并取得良好效果。

此外，Gan 等也提出一种称为最近高预期加权项集的新模式[171]。其目的是在同时考虑新旧程度、权值和模式不确定性的前提下，为用户提供最新的相关结果，以满足实际应用需求。同时，Gan 等还提出了一种基于投影的 RHEWI-P 算法。算法中首先引入并证明了基于排序的上界向下闭合性质用于候选项集的剪枝操作，进而提出改进的 RHEWI-PS[172]算法，并通过多组实验验证算法的有效性。

采用投影-测试机制的递归算法在处理包含长模式的稠密数据库时会产生性能急剧下降的问题，在 2017 年发表的论文中，Lin 等设计了基于树结构的 RWFI-Mine 算法[173]，用于处理同时考虑权值和最新模式的加权频繁项集挖掘问题。Lin 提出了一种基于集合枚举树的新型数据结构——最新加权频繁树，并证明了基于这种最新加权频繁树的按序向下闭合性质，用于 RWFI 算法的早期剪枝。此外，Lin 还设计了用于信息存储的元素表(E)-table 和最新加权频繁表(RWF)-table 两种数据结构。RWFI-Mine 算法递归发现最新加权频繁项集而无须产生候选项集，大大减少了计算开销和内存占用。后来，Lin 对 RWFI-Mine 算法进一步改进，提出了 RWFI-EMine 算法。该算法采用为 2-项集估计权值的策略，避免了为非频繁项集和它的子节点建立 E-table 表和 RWF-table 表的存储开销。实验结果表明，该算法不仅优于传统的最新加权频繁项集挖掘算法——PWA 算法，而且从运行时间、内存占用和可扩展性等指标上，也优于最新的加权频繁项集挖掘算法——RWFIM-P 和 RWFIM-PE 算法。这为解决不确定数据库中的最新加权频繁项集挖掘问题提供了良好思路。

针对不确定频繁模式挖掘研究，从上面的综述中可得到如下结论。

(1) 不确定频繁项集挖掘研究成为不确定频繁模式挖掘领域的研究基础，其他不确定频繁模式挖掘相关工作大多借鉴或基于不确定频繁项集挖掘研究的相关成果，并进一步改进和完善。实际上，目前不确定频繁项集挖掘方法基本源于传统的确定数据库中三大经典频繁项集挖掘算法，并进行了面向不确定数据库的适应性改进。目前不确定数据库中针对序列模式、图模式、高效用项集以及加权项集的频繁程度的度量，理论上借鉴了不确定频繁项集中的期望支持度和概率频度的概念，具体研究思路也是依据传统数据库中的三大经典算法，或是生成-测试，或是构建树结构，亦或是依据垂直数据格式建立 Tidlist 数据结构，然后构造可能的向下闭合性质以实现早期剪枝，尽可能地缩小搜索空间，提高挖掘效率。同时，各种不确定频繁模式研究方法面对不同的不确定数据模型又进行了适应性地改进和裁剪。如此看来，针对不确定频繁项集的研究工作也是其他不确定频繁模式挖掘方法的基础，可能为其他不确定频繁模式挖掘方法的研究起到引领和借鉴作用，因此，本书后面章节重点研究不确定频繁项集挖掘问题，并提出可能的改进方案。

(2) 不确定高效用项集挖掘和不确定加权频繁项集挖掘成为新兴的研究方向，颇受人们关注，并在实际应用中占有愈加重要的地位。近两年，随着人们认知水平的提高和数据提取技术的突飞猛进，人们对数据挖掘和知识发现的需求更具科学化和精细化。为实际应用提供个性化的精准决策，而非普适性的一般常识，促使不确定数据库中各种“有趣模式”的挖掘研究得到极大关注，也成为颇具潜力的新兴研究方向。这些“有趣模式”的相关研究与现实应用的结合将在未来的研究和应用中占据一席之地。因此，本书作者也把不确定高效用项集挖掘和不确定加权频繁项集挖掘在中医智能诊疗中的应用作为将来的研究重点。

(3) 各种不确定频繁模式挖掘技术的渗透、交叉和融合成为备受关注的研究方向，并为实际应用提供了技术支持和智力保证，成为未来的重要发展趋势。其实，不确定加权频繁项集挖掘技术可以看作不确定频繁项集挖掘技术与加权频繁模式挖掘技术的交叉和渗透；在某些实际应用中，可能受到关注的是不确定高效用序列模式，这就需要不确定高效用项集挖掘技术与不确定序列模式挖掘技术的相互渗透和融合；当数据库中频繁项集数目过多造成挖掘结果存在大量冗余，致使挖掘过程中耗费的时空代价过高时，研究者可能倾向于不确定频繁模式挖掘与闭频繁模式挖掘技术的融合；当挖掘结果过于庞大，决策者陷入难以分析和利用的窘态时，研究者呈现给行业专家的应该是不确定频繁模式中前Top-k个最有趣的、最具潜力的挖掘结果，这就是不确定频繁模式挖掘与Top-k频繁项集挖掘的交叉和融合。显然，随着不确定频繁模式挖掘技术在实际生产和生活中的应用不断深入，人们对数据挖掘结果的呈现要求更加科学化、个性化和精准化。因此，各种不确定频繁模式挖掘技术也会互相借鉴，相互渗透，相互融合，这也是将来的发展趋势之一。针对不确定中医药诊疗数据库中的Top-k频繁闭模式挖掘方法，本书后面章节也进行了有益的尝试，并获得了初步研究成果，这也激励本书作者在后面的研究工作中进行更深入的探索。

2.8 本章小结

本章综述了不确定数据环境下的主要频繁模式挖掘方法。首先分析了数据不确定性产生的原因，然后分别介绍不确定频繁项集挖掘、不确定序列模式挖掘、不确定频繁子图模式挖掘、不确定性高效用项集挖掘以及不确定加权频繁项集挖掘等方法的优缺点，分析了国内外发展前景，最后对不确定频繁模式挖掘技术进行了总结，并指出未来可能的发展方向。

第3章　Eclat框架下基于支持度的双向排序策略

前面章节简单介绍了频繁模式挖掘的主要概念、背景和方法，分析了目前主要的不确定数据模型，综述了各种不确定频繁模式挖掘技术，并指出不确定频繁项集挖掘方法是其他不确定频繁模式挖掘方法的基础，后者大都借鉴了确定数据库中的经典挖掘算法。

本章主要讨论基于概率数据的不确定频繁项集挖掘问题和相应的改进策略。本章结构安排如下：3.1节介绍经典Eclat算法存在的不足并证明一个关于支持度的性质；3.2节介绍面向确定数据库、基于支持度排序的双向处理策略；3.3节介绍面向不确定数据库、适用于概率频繁模式挖掘的双向排序策略；相关实验结果及分析在3.4节列出；最后3.5节对本章内容进行小结。

3.1　基于垂直数据格式的Eclat算法

3.1.1　存在的问题

在频繁项集挖掘中，项集支持度的计算主要采用计数和交操作两种方法[26]。Eclat算法是首个采用垂直数据格式，通过交操作枚举所有频繁项集的算法。该算法采用自底向上的深度优先搜索，引入等价类概念将搜索空间划分为多个不重叠的子空间，然后针对各个子空间内的候选项集分别处理。Eclat算法中支持度计算和候选项集生成步骤同时完成，通过计算两个项集的Tidlist交集快速得到候选项集的支持度。若候选项集的支持度小于最小支持度阈值min_sup，则自动删除。

由上述处理过程得知，Eclat算法可能存在以下问题[174,175]。

(1) 候选项集由两个子集的并操作产生，即对拥有$k-1$个共同前缀的两个k-频繁项集进行并操作产生$(k+1)$-候选项集。这样，当Tidlist规模庞大时，完成并操作，通过交操作计算候选项集的支持度都会耗费大量的时空代价。

(2) Eclat 算法采用自底向上深度搜索的方式，逆字母表顺序处理等价类，自右向左通过交操作逐步挖掘所有频繁项集。这里，算法没有充分利用已产生的支持度计数信息缩减候选项集的搜索范围。

(3) Eclat 算法没有充分利用 Apriori 先验性质对候选项集进行有效的剪枝。因此，某些情况下，Eclat 算法产生的候选项集数目远远大于 Apriori 算法。

3.1.2 支持度性质及证明

猜想 支持度越高的子集，越有可能成为更长候选项集的一部分；而支持度较低的子集，构成更长候选项集的可能性也相对降低。

证明 数学归纳法。

任选项集 $X \in D$，构成项集 X 的项目可以按照不同顺序排列：$X=\{x_{max}, x_{max-1}, x_{max-2}, \cdots, x_1\}$ 表示构成项集 X 的项目按照支持度降序排列，而 $X=\{x_1, x_2, \cdots, x_{max}\}$ (max 为整数)表示项目按支持度升序排列。对于频繁项集 X，存在 $\sup(\{x_1\}) \leqslant \sup(\{x_2\}) \leqslant \cdots \leqslant \sup(\{x_{max-1}\}) \leqslant \sup(\{x_{max}\})$。如果使用项目 y 作为项集的前缀，并对项集 X 进行扩展从而生成候选 k-项集，可以表示为 1-item-extension$(X):=Y=\{y\} \cup X$。

当 $n=1$ 时，对单元素频繁项集 X 进行 1-项集扩展。根据 Apriori 先验性质或反单调性，存在：

$$\sup(\{x_{max}\} \cap \{x_{max-1}\}) \leqslant \min(\sup\{x_{max}\}, \sup\{x_{max-1}\}) \leqslant \sup(\{x_{max-1}\})$$

$$\sup(\{x_1\} \cap (x_2)) \leqslant \min(\sup\{x_1\}, \sup\{x_2\}) \leqslant \sup(\{x_1\})$$

给定 $\sup(\{x_1\}) \leqslant \text{min\_sup} \leqslant \sup(\{x_{max-1}\})$。这里项目 x_{max-1} 也是单元素频繁项集，可以作为前缀参与生成更长频繁项集；而项目 x_1 在给定的最小支持度阈值下作为非频繁项目被剪枝。在 $\sup(\{x_1\}) \leqslant \text{min\_sup} \leqslant \sup(\{x_{max-1}\})$ 这一前提条件下，给定不同的最小支持度阈值，具有较高支持度的项集 $\{x_{max-1}\}$ 更有可能满足不等式 $\sup(\{x_{max-1}\}) \geqslant \text{min\_sup}$。也就是说，与 x_1 相比，项目 x_{max-1} 成为频繁项目的可能性更大，因此，更有可能作为前缀生成更长候选项集。这样，单元素频繁项集 X 在进行 1-项集扩展时，支持度高的项集有更多机会构成更长频繁项集。

假设 $n=k$ 时命题成立。存在$(k-1)$-频繁项集 X 和频繁项目 y，构成项集 X 的所有项目可以按照不同顺序排列：按支持度降序排列可以表示为 $X=\{x_{k-1},x_{k-2},\cdots,x_1\}$，按支持度升序排列可以表示为 $X=\{x_1,x_2,\cdots,x_{k-1}\}$。下面分别用 x_k，y_1 做前缀对项集 X 进行扩展进而生成候选 k-项集，表示为如下形式：$Y_1=\{x_k\}\cup X=\{x_k\}\cup\{x_{k-1},x_{k-2},\cdots,x_1\}$，$Y_2=\{y_1\}\cup X=\{y_1\}\cup\{x_1,x_2,\cdots,x_{k-1}\}$。存在 $\sup(\{y_1\})\leqslant\sup(\{x_1\})\leqslant\sup(\{x_{k-1}\})\leqslant\sup(\{x_k\})$，并且如下不等式：$\sup(\{y_1\}\cup X)\leqslant\sup(\{x_k\}\cup X)$ 成立，即前缀 x_k 有更多机会参与生成更长频繁项集。

当 $n=k+1$ 时，对 k-频繁项集 X 进行 1-项集扩展的情况。构成项集 X 的项目按照支持度升序排列，可以表示为 $\sup(\{x_1\})\leqslant\sup(\{x_2\})\leqslant\cdots\leqslant\sup(\{x_{k-1}\})\leqslant\sup(\{x_k\})\leqslant\sup(\{x_{k+1}\})$。下面分别用 x_{k+1}、z_1 做前缀，扩展项集 X 进而生成候选$(k+1)$-项集，表示为如下形式：$Z_1=\{x_{k+1}\}\cup\{x_k,x_{k-1},x_{k-2},\cdots,x_1\}=\{x_{k+1}\}\cup Y_1$；$Z_2=\{z_1\}\cup\{y_1,x_1,x_2,\cdots,x_{k-1}\}=\{z_1\}\cup Y_2$，其中，$\sup(\{z_1\})\leqslant\sup(\{y_1\})\leqslant\cdots\leqslant\sup(\{x_k\})\leqslant\sup(\{x_{k+1}\})$。根据 Apriori 先验性质或反单调性，比较不同排序方式下$(k+1)$-项集的支持度计数：

$$\sup((\{x_{k+1}\}\cup Y_1)\cap(\{x_k\}\cup Y_1))\leqslant\min(\sup(\{x_{k+1}\}\cup Y_1),\sup(\{x_k\}\cup Y_1))$$
$$\leqslant\sup(\{x_k\}\cup Y_1)\leqslant\sup(\{x_k\}\cup X)$$
$$\sup((\{z_1\}\cup Y_2)\cap(\{y_1\}\cup Y_2))\leqslant\min(\sup(\{z_1\}\cup Y_2)),\sup(\{y_1\}\cup Y_2))$$
$$\leqslant\sup(\{z_1\}\cup Y_2)\leqslant\sup(\{y_1\}\cup Y_2)\leqslant\sup(\{y_1\}\cup X)$$

给定最小支持度阈值 min_sup，满足如下不等式：$\sup(\{y_1\}\cup X)\leqslant\text{min\_sup}\leqslant\sup(\{x_k\}\cup X)$。根据 $n=k$ 时不等式 $\sup(\{y_1\}\cup X)\leqslant\sup(\{x_k\}\cup X)$ 成立，得知具有较高支持度的项集$\{x_k\}\cup X$ 更有可能满足不等式 $\sup(\{x_k\}\cup X)\geqslant\text{min\_sup}$。这样，用单元素频繁项集做前缀对频繁项集 X 进行 1-项集扩展时，支持度较高的前缀 x_{k+1} 有更多机会参与生成更长频繁项集。因此，当 $n=k+1$ 时，命题成立。

结论：用单元素频繁项集做前缀对频繁项集 X 进行 1-项集扩展时，上述猜想成立。

使用相似方法，可以证明任意长度的频繁项集运用并运算对频繁项集 X 进行 k-项集扩展，并用两个 $k-1$ 频繁项集的交运算产生候选 k-项集时，上述猜想均成立。因此得到了关于支持度的性质。

性质 3.1　支持度越高的子集，越有可能成为更长候选项集的一部分；而支持度较低的子集，构成更长候选项集的可能性也相对降低。

3.2 基于支持度排序的双向处理策略

依据支持度性质，本节提出基于支持度排序的双向处理策略，并对传统的 Eclat 算法进行改进，提出 Bi-Eclat 算法。Bi-Eclat 算法的核心思想是：在存储事务时，Tidlist 结构中的数据按支持度降序排列以提高数据存储的紧致性，改进存储效率；在支持度计数并产生频繁项集阶段，参与计算的($k-1$)-频繁项集按支持度升序排列，以减少冗余操作，提高计算效率，进而达到提升整个算法性能的目的。

3.2.1 支持度升序排列阶段

在频繁项集发现阶段，候选项集的规模对算法的执行效率有着举足轻重的影响。Eclat 算法基于字母表顺序自底向上搜索频繁项集，因此，候选项集的数量主要取决于划分的等价类尺寸和需要搜索的存储空间范围。由于 Eclat 算法没有基于支持度并依据 Apriori 先验性质对候选项集进行有效剪枝，随着 Tidlist 结构的规模不断增大，算法效率显著降低。

考虑到支持度计算中采用不同排序方式对频繁项集生成效率的影响，基于上述支持度性质对 Eclat 算法进行改进。在频繁项集产生阶段，候选项集及构成候选项集的项目按照支持度升序排列并参与交运算和支持度计算。采用这一策略的出发点主要体现在如下两个方面。

(1) 对构成候选项集的项目按照支持度升序排列后，首先选取支持度较低的项目作为前缀扩展生成更长频繁项集。这样，具有较低支持度的项目首先参与交操作，在计算过程中一旦检查出支持度小于 min_sup 的非频繁节点就立即终止计数过程，减少了实际访问的项目数量，避免了后续的冗余操作。例如，当确定候选项集$\{A,B,E\}$时，若采用字母表顺序(即 $A<B<C<D<E$)自底向上深度搜索，需要依次访问项目 A、B 并运行交操作，经过支持度计数模块，与最小支持度阈值 min_sup 比较后，产生候选项集$\{A,B\}$；在试图访问非频繁项集$\{A,E\}$时，搜索终止。如果采用支持度升序排列(不妨设为 $E<D<C<A<B$)，首先访问项目 E、A，由于项集$\{E,A\}$是非频繁的，搜索终止，避免了对频繁项集

$\{E,B\}$、$\{A,B\}$的访问。

(2) 按照支持度升序自底向上搜索，进而确定长度为 k 的候选项集。根据支持度的性质，支持度较低的子集构成更长候选项集的可能性相对降低，因此，首先处理这些支持度较低的频繁子集，及早甄别出非频繁项集，然后立即终止搜索过程，从而避免对所有频繁子集的访问，减少了更长频繁项集生成过程中的冗余操作。而在传统的 Eclat 算法中，采用字母表顺序依次访问 k 个频繁子集并基于频繁子集运行$(k-1)$路交操作后，才能确定长度为 k 的频繁项集。

由此可见，在频繁项集产生阶段，使用支持度升序排列独具优势。除了可以依据 Apriori 先验性质，对非频繁项集及早剪枝外，还可利用支持度性质，减少更长频繁项集产生过程中频繁子集间的冗余操作，缩小搜索空间，避免对支持度计数模块的重复调用。

3.2.2 支持度降序排列阶段

Eclat 算法需要对$(k-1)$-项集进行交操作，获得 k-项集所在 Tidlist 结构中事务元素的个数，进而得到候选 k-项集的支持度。因此，在事务存储管理方面，内存中显然需要存放连续层次的 Tidlist 表，用于计算产生新一层的频繁项集。这些频繁项集通常存放在哈希树中以便快速查找其对应子集。这样，由于哈希树自身的局限性，再加上子集只是按逆字母序处理，无法有效使用支持度信息，所以在实验中发现[26]，Eclat 算法中剪枝操作并没有呈现出显著优势。

为了达到有效存储的目的，可以使用支持度降序排列的前缀树存储事务，原因是：根据支持度性质，支持度较高的项目更有机会出现在前缀中，出现在不同长度的频繁项集中，参与操作的次数也较多。在这种存储方式中，支持度越高的项目越接近根节点，在访问时需要的步数也越少，有助于实现访问节点项目的总代价最小化。

3.2.3 频繁项集挖掘中的双向处理策略

在存储管理上，使用支持度降序排列的前缀树存储事务；在支持度计数期间，选择支持度升序排列以减少生成候选项集的冗余步骤。为了同时满足这两个要求，算法的具体实现采用如下策略：在内存中，项目按照支持度降序存储；当项目从内存中取出时，只需简单地将每一个项目的位置反转，按照支持度升序排列后参与频繁项集产生过程。

3.2.4 Bi-Eclat 算法

Bi-Eclat 算法的主要步骤如下。

步骤 1 扫描事务数据库发现 1-频繁项集，对 Tidlist 中的频繁项目按照支持度降序排列：首次扫描数据库并将水平格式表示的数据转换成垂直数据格式。这时，项集的支持度就是其对应的 Tidlist 长度。将项集的支持度与最小支持度阈值比较，得到所有的 1-频繁项集，并将它们按照支持度降序排列。Bi-Eclat 算法中频繁项目产生模块的算法如算法 3.1 所示。

算法 3.1 Bi-Eclat 算法：频繁项目产生模块。

输入：垂直数据格式的数据库 D，项目集合 $S \subseteq D$，最小支持度阈值 min_sup。
输出：按支持度降序排列的单元素频繁项集。

1：Procedure find_frequent_1-itemsets
2：**For** all atoms $A_i \in S$ do
3： **For** all transactions $T_j \in A_i$ do
4： $|\text{tid-list}(A_i)| = |\text{tid-list}(A_i)| + 1$;
5： **end for**
6： **For** all $A_i \in S$, with $|\text{tid-list}(A_i)| \geq \text{min\_sup}$ do
7：   Sorting A_i in the descending order of support;
8： **end for**
9：$S = S \cup \{A_i\}$; $T_1 = T_1 \cup \{A_i\}$;
10：**end for**

步骤 2 基于前缀的等价关系将搜索空间划分为较小的子空间，依据 Apriori 先验性质，利用频繁 k-项集构造 $(k+1)$-候选项集：构建等价类时，使用事务数据库中的频繁项目，从支持度最低的原子类集合开始，依次对支持度升序排列的原子项目进行并操作，生成候选项集；接着对原子项目所在的 Tidlist 结构进行交操作，计算候选项集对应的 Tidlist 长度，得到支持度计数。重复该过程，直至无法找到新的频繁项集或候选项集为止。这样，通过对任意两个原子项目或 k-子集进行交运算得到所有 $(k+1)$-项集的支

持度。

步骤 3　对候选项集剪枝并挖掘所有频繁项集：此阶段，算法根据 Apriori 先验性质删去非频繁项集；并利用支持度升序排列的优势，根据支持度性质，及早甄别出非频繁项集，减少冗余交运算。这样，Bi-Eclat 算法可以递归挖掘出所有频繁项集。Bi-Eclat 算法中候选项集产生模块的算法如算法 3.2 所示。

算法 3.2　Bi-Eclat 算法：候选项集产生模块。

输入：按支持度升序排列的原子类集合 $S\subseteq D$，最小支持度阈值 min_sup。
输出：所有频繁项集。

```
1： Procedure find_ candidate_frequent_itemsets
2： For all atoms A_i ∈ S do
3：   T_i = ∅
4：   For all atoms A_j ∈ S, with sup(A_j) > sup(A_i) do
5：     R = A_i ∪ A_j；
6：     tid-list(R) = tid-list(A_i) ∩ tid-list(A_j)；
7：     If |tid-list(R)| ≥ min_sup
8：       S = S ∪ {R}；T_i = T_i ∪ {R}；
9：     end if
10：  end for
11：  while T_i ≠ ϕ do find_ candidate_frequent_itemsets；
12：end for
```

3.2.5　Bi-Eclat 算法示例

Bi-Eclat 算法的优势可以通过下面的例子清楚地展示出来。

考虑图 3.1 左侧所示图书销售数据集。数据集中包含八个不同的项目$\{A,C,D,T,W,F,H,K\}$，存在六位顾客分别购买了这八位作者的著作，该数据集用水平数据格式表示。图 3.1 右侧显示的是至少出现在两次购书事务中的图书项目，即支持度大于等于最小支持度阈值的所有频繁项目(min_sup=2)。事务数据集显示为按支持度降序排列的垂直数据格式。

事务	项集
1	$\{A, C, F, T, W\}$
2	$\{C, D, W\}$
3	$\{A, C, T, W\}$
4	$\{A, C, D, K, W\}$
5	$\{A, C, D, T, W\}$
6	$\{A, C, D, H, T\}$

项目	事务
C	123456
A	13456
W	12345
D	2456
T	1356

图 3.1　事务数据库中的数据表示

按照第一步的输出结果，将单元素频繁项集中的各原子项目按支持度升序排列为 D，T，A，W，C。接着合并原子集合$\{D,T\}$和$\{D,A\}$，目的是产生候选项集$\{D,T,A\}$并检验其是否为 3-频繁项集。若项集$\{D,T,A\}$为频繁的，则进一步扩展项集$\{D,T,A\}$与$\{D,T,W\}$，生成 4-项集$\{D,T,A,W\}$。

$$\begin{aligned}\mathrm{sup}(\{D,T,A\}) &= \mathrm{sup}(\{D,T\} \cap \{D,A\} \cap \{T,A\}) \\ &= \mathrm{sup}(\{5,6\} \cap \{4,5,6\} \cap \{1,3,5,6\}) \\ &= \mathrm{sup}(\{5,6\}) = 2 \geqslant \mathrm{min\_sup}\end{aligned}$$

$$\begin{aligned}\mathrm{sup}(\{D,T,W\}) &= \mathrm{sup}(\{D,T\} \cap \{D,W\} \cap \{T,W\}) \\ &= \mathrm{sup}(\{5,6\} \cap \{2,4,5\} \cap \{1,3,5\})\end{aligned}$$

因为 $\mathrm{sup}(\{5,6\} \cap \{2,4,5\}) = 1 < \mathrm{min\_sup}$，所以$\{D,T,W\}$为非频繁项集，计算终止。作为对照，下面将项集$\{D,T,A,W\}$按支持度降序排序（即$\{W,A,T,D\}$），计算其支持度，直至得到非频繁项集为止（如图 3.2 所示）。

$$\begin{aligned}\mathrm{sup}(\{W,A,T\}) &= \mathrm{sup}(\{W,A\} \cap \{W,T\} \cap \{A,T\}) \\ &= \mathrm{sup}(\{1,3,4,5\} \cap \{1,3,5\} \cap \{1,3,5,6\}) \\ &= \mathrm{sup}(\{1,3,5\}) = 3 \geqslant \mathrm{min\_sup}\end{aligned}$$

$$\begin{aligned}\mathrm{sup}(\{W,A,D\}) &= \mathrm{sup}(\{W,A\} \cap \{W,D\} \cap \{A,D\}) \\ &= \mathrm{sup}(\{1,3,4,5\} \cap \{2,4,5\} \cap \{4,5,6\}) \\ &= \mathrm{sup}(\{4,5\}) = 2 \geqslant \mathrm{min\_sup}\end{aligned}$$

$$
\begin{aligned}
\sup(\{A,T,D\}) &= \sup(\{A,T\} \cap \{A,D\} \cap \{T,D\}) \\
&= \sup(\{1,3,5,6\} \cap \{4,5,6\} \cap \{5,6\}) \\
&= \sup(\{5,6\}) = 2 \geqslant \text{min\_sup} \\
\sup(\{W,T,D\}) &= \sup(\{W,T\} \cap \{W,D\} \cap \{T,D\}) \\
&= \sup(\{1,3,5\} \cap \{2,4,5\} \cap \{5,6\})
\end{aligned}
$$

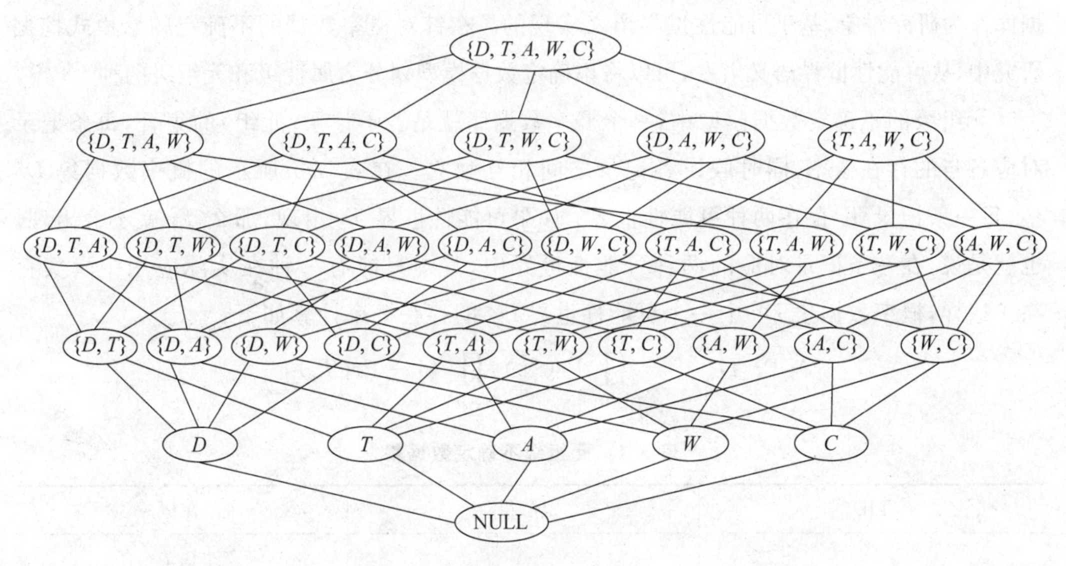

图 3.2　Tidlist 对应的格上运用交运算进行支持度计算

这里,因为 $\sup(\{1,3,5\} \cap \{2,4,5\}) = 1 < \text{min\_sup}$,所以 $\{W,T,D\}$ 为非频繁项集,算法终止。由此可见,如果采用支持度升序排列项集,可以更快甄别出非频繁项集。在这四个步骤的交操作中,至少能够节省两个步骤的交操作和比较操作,从而提高挖掘效率。

3.3　概率频繁模式挖掘中的双向排序策略

3.3.1　基于概率数据的不确定频繁模式挖掘

不确定数据模型是不确定数据处理技术首先需要解决的问题[69]。研究人员认为,与传统的确定数据库相比,在不确定数据环境下,一个项集存在于特定事务中的可能性更适合用概率的形式来描述,从而形成概率数据库[70]。国内外科研人员对概率数据库中的频繁模式挖掘工作进行了深入研究[176,177]。针对不同应用领域,概率数据表达的语义各不相同,因此处理方式也大相径庭:有时需要假定所有事务之间相互独立且每个事务以确定的概率出现,有时需要描述数据库中各项目存在的概率分布(例如 Orion),有时仅以概率的形式描述事务之间可能存在的关系。在过去的十多年里,相当数量的研究就是以概率数据库作为研究对象,基于可能性世界语义实现的。在针对概率数据的不确定频繁模式挖掘研究中,从可能性世界语义出发,可以将不确定数据模型划分为属性级和元组级两种[178,179]。

元组级的不确定数据模型中,一个概率数据库就是若干记录(元组)的集合,每条记录对应各自的存在概率,同时假设各记录之间相互独立。在表 3.1 所示的概率数据集 D^P 中,每一条记录 T_i 存在两种可能性世界:如果可能性世界 T_1 出现,那么 T_2 就不会出现。也就是说,在一条记录对应的两种可能性世界中,其中只能有一种在实际应用中真实存在。这样,概率数据集 D^P 中一个可能性世界 D^* 的存在概率计算如下:

$$\Pr[D^*] = \prod_{T_i \in D^*} \Pr(T_i) \prod_{T_j \notin D^*} (1 - \Pr(T_j)) \tag{3.1}$$

表 3.1　元组级不确定数据集

TID	项目	存在概率
T_1	A	0.7
T_2	B	0.4

这里 $\Pr(T_i)$表示记录 T_i 在可能性世界中出现的概率,所有可能性世界的完整集合则通过列举全部可能性的组合得到(如表 3.2 所示)。显然,元组级的不确定数据模型是一种最简单的模型。针对该数据模型的研究大多集中在不确定频繁模式挖掘技术发展的早期阶段[72]。例如,美国华盛顿大学的 MystiQ 数据库系统就采用了元组级的不确定数据模型。

表 3.2　元组级不确定数据集对应的可能性世界集合

D^*	$\Pr(D^*)$
$D_1^* = \varnothing$	$(1-\Pr(T_1))\times(1-\Pr(T_2))=0.18$
$D_2^* = \{A\}$	$\Pr(T_1)\times(1-\Pr(T_2))=0.42$

续表

D^*	$\Pr(D^*)$
$D_3^*=\{B\}$	$(1-\Pr(T_1))\times\Pr(T_2)=0.12$
$D_4^*=\{A,B\}$	$\Pr(T_1)\times\Pr(T_2)=0.28$

在属性级不确定数据模型中，概率数据库中的每一条记录包含多个属性，并且对应同一条记录的每个属性具有各自的存在概率。每一记录中的不确定属性用一组概率分布 W 来描述，同时假设各记录对应的概率分布 W 是相互独立的。在表 3.3 所示的概率数据集 D^P 中，一个可能性世界 D^* 的产生采用如下方式：依次读取概率数据库中的每一条记录，从该记录中各个不确定属性对应的概率分布中依次选择每一个存在概率值作为一个可能性世界。一个可能性世界 D^* 的存在概率计算如下：

$$\Pr[D^*]=\prod_{i=1}^{n}\Pr_{W_i}[x_i] \tag{3.2}$$

其中，x_i 表示一条记录中某个不确定属性对应的存在概率。所有可能性世界的完整集合则通过列举全部可能的组合得到(如表 3.4 所示)。近年来，属性级不确定数据模型由于其应用的广泛性而受到更多关注。其中，斯坦福大学的 Trio 就是基于属性级不确定数据模型的数据库系统。本章也将基于属性级不确定数据模型开展不确定频繁模式挖掘研究工作。

表 3.3 属性级不确定数据集

TID	事务中包含的项目
T_1	$A(0.7)$ $B(0.6)$
T_2	$C(0.6)$ $D(0.4)$
T_3	$E(1.0)$

目前，面向概率数据库进行频繁模式挖掘技术的研究工作通常称为不确定频繁模式挖掘研究。与传统的面向确定数据库的挖掘工作相比，不确定频繁模式挖掘任务面临着更大挑战。

(1) 针对不确定数据的研究一般采用概率论的方法，即项目/事务属性中需提供概率值来描述某种关系存在的可能性，而概率计算具有极高的计算成本。

(2) 不确定数据模型一般是以可能性世界理论为基础，而可能性世界理论中不同实体间关系的数量随元组个数的增加呈指数级别增长。这样庞大的数据量，不仅需要耗费极大的存储空间，而且需要通过排序、剪枝、近似、取样以及索引等技术来提高挖掘效率。

表 3.4 属性级不确定数据集对应的可能性世界集合

D^*	T_1	T_2	T_3	$\Pr(D^*)$
D_1^*	A	C	E	0.4×0.6×1=0.24
D_2^*	A	D	E	0.4×0.4×1=0.16
D_3^*	B	C	E	0.6×0.6×1=0.36
D_4^*	B	D	E	0.6×0.4×1=0.24

3.3.2 基于概率频度的双向排序策略

考虑到项集采用不同排序方式对生成候选项集效率的影响，根据 Apriori 先验性质和支持度性质，在采用垂直数据格式的概率数据库中(如表 2.2 所示)，支持度计数和候选项集产生阶段，按照概率频度的升序处理数据，从而减少计算开销，改进概率频繁项集挖掘的效率。一方面，概率频度的升序排列有利于减少计算中的交操作；另一方面，概率频度的升序排列有利于尽早区分出非频繁模式，减少候选项集的数量。

下面用表 2.2 中的数据集简单说明。根据概率频度的定义，存在：

$$\Pr(X) = \Pr\{\sup(X) \geqslant \min\_\sup\}$$

其中，项集 $X \subset D$。

下面合并项集 $\{A,B\}$ 和 $\{B,E\}$，产生候选模式 $\{A,B,E\}$。

$$\begin{aligned}\Pr(\{A,B,E\}) &= \Pr(\{A,B\} \cap \{A,E\} \cap \{B,E\}) \\ &= \Pr(\{T_1,T_3\} \cap \{T_2,T_5\} \cap \varnothing)\end{aligned}$$

现在，如果项集按字母序排列，必须依次计算 $\{A,B\}$、$\{A,E\}$ 的概率频度，直到意识到 $\{B,E\}$ 是不频繁的，然后对项集 $\{A,B,E\}$ 剪枝。可见，这里在判断项集 $\{A,B,E\}$ 是否频繁的过程中存在着不必要的交操作和比较计算。因此，采用双向排序策略的改进算法摒弃了 Eclat 算法中采用字母序或字母逆序生成后续模式的做法，而是依据概率频度的升序产生频繁项集。这样，在产生更长频繁项集时，首先处理概率频度较低的候选项集，在操作中只要发现非频繁计算节点就中止处理过程，从而避免了后续的冗余操作。另外，也可以采用基于项集支持度计数的剪枝策略进一步改善挖掘性能。

下面用例子说明双向排序策略的第二个优点。基于概率频度的定义和递推公式，在迭代过程中，当 i 递增至 min_sup 时，得到了概率频度 $\Pr_{\geqslant i,j}(X)$。在计算过程中，项集的存在概率值越高，对概率频度的贡献越大。例如，在计算 $\Pr(\{A,C\})$时，$\Pr\{\sup(\{A,C\})=2\}=0.24624$ 对计算结果 $\Pr(\{A,C\})$做出了最大的贡献，而 $\Pr\{\sup(\{A,C\})=3\}=0.04032$ 对结果 $\Pr(\{A,C\})$做出的贡献却微乎其微。因此，有理由认为将同一个元组中的事务列表按照概率频度的降序排列是更有意义的选择，这样，一旦 $\Pr_{\geqslant i,j}(X)$的值达到了最小支持度阈值 min_sup 就终止计算过程，并取消后面的冗余操作。这种方式可以高效地通过计算得到概率频度 $\Pr_{\geqslant i,j}(X)$的取值。此外，也可以将组成概率数据库的所有记录按照项集支持度的升序排列。这种做法会使计算量进一步减小，因而算法的执行效率更高。

总之，在事务存储时，同一记录中的事务列表按照存在概率的降序排列；在生成候选项集时，对概率数据库中的项集按照概率频度的升序依次处理，因此，称之为在概率数据库中基于垂直数据格式的双向排序策略。

3.4　实验结果及分析

本节将上述两个新策略嵌入不同算法，在实验数据集上评测它们的性能。首先，将基于支持度排序的双向处理策略嵌入传统的 Eclat 算法(即 Bi-Eclat 算法)，评测不同排序方式对算法性能的影响；然后将基于概率频度的双向排序策略用于数据以垂直格式存储的概率数据库，评测采用双向排序策略的精确挖掘算法的性能。实验运行环境为：安装 64 位 Windows 7 操作系统的主机一台，处理器为 Intel core(TM) i5-2520M CPU 2.5GHz，安装内存为 4.00GB RAM。

3.4.1　实验数据集

本实验同时选取真实数据集和人工合成数据集作为实验数据集。其中大部分实验运行在频繁模式挖掘领域广泛认可的FIMI[①]数据集上。该数据集可以从FIMI（Frequent Itemset Mining Implementations)提供的网站免费下载,包含11个数据集,其中模拟数据集有两个,分别是T10I4D100K和T40I10D100K。它们包含的是用IBM数据生成器人工合成的不同性质的数据。9个真实数据集的情况分别是：Chess数据集列出了象棋残局中王、车对抗的位置数据；Mushroom数据集描述了有毒食用菌的不同属性特征；来自UCI机器学习知识库的Connects数据集收集了大量connect-4游戏的状态数据；Accidents数据集包含了1991-2000年在比利时公共道路上发生的每一次有伤亡记录的交通事故数据；网站点击流数据集Gazelle源自一个电子商务网站,记录了数月来值得关注的单击数据流；Kosarak数据集记录的是一个匈牙利在线新闻门户网站的匿名单击数据流；Retail数据集采集了来自比利时零售店的市场销售购物篮数据；Pumsb数据集中存放的是预处理后的人口普查数据,其中连续属性已经离散化并删除了无用属性；而Pumsb*数据集则是Pumsb数据集中删除了支持度高于80%的项目之后的子集。频繁模式挖掘中最重要的两次国际算法比赛(FIMI 2003和FIMI 2004)就是以这些数据集为评测集,而且Gazelle数据集也是著名的KDD竞赛(KDD Cup 2000)使用的评测数据集。

表3.5列出了这些实验数据集的主要特点,包括数据集中的项目数量、每条事务的平均长度、数据集中事务总数以及数据库的相对支持度。

在实际应用中,传统的确定数据集既有稠密的,也有稀疏的。而在不确定数据环境下,待考虑的概率数据库却以稀疏数据库居多。也就是说,在概率数据库中,常常是每个事务中只有少量项目以不同的非零概率值存在,而大部分项目并没有出现在给定事务中。

稠密数据库和稀疏数据库[25]　一个稠密数据库中的频繁项目普遍拥有较高的相对支持度；而在一个稀疏数据库中,每一个频繁项目的相对支持度都比较低。这里的相对支持度是绝对支持度与数据库中事务总数的比值。

一般来说,如果事务数据库中频繁项目的相对支持度不小于10%,那么该数据库被看作是稠密的；相反,若一个数据库中频繁项目的相对支持度远远小于1%,则该数据库是稀疏

① http://fimi.ua.ac.be/data/。

的。如果数据库中频繁项目的相对支持度介于 10%与 1%之间,需要结合实际数据库的尺寸和数据库中项目的特点综合判定。如表 3.5 所示,评测实验中采用的数据集既有稠密数据集,如 Mushroom、Chess、Connects、Pumsb 及 Pumsb*,又有稀疏数据集,如 Retail、Kosarak、Gazelle 以及 T10I4D100K,还有其他数据集,如 Accidents 和 T40I10D100K。

表 3.5　本章采用的事务数据集

数据集名称	项目数	事务长度	事务总数	相对支持度
Mushroom	119	23	8124	19.33%
Chess	75	37	3196	48.68%
Connects	129	43	67 557	33%
Accidents	468	33.8	340 183	7.2%
Pumsb*	7117	50	49 046	高
Pumsb	7117	74	49 046	较高
Retail	16 469	10.3	88 126	0.06%
T40I10D100K	943	40.61	100 000	4.2%
T10I4D100K	871	11.1	100 000	1.15%
Kosarak	41 270	8.1	990 002	0.02%
Gazelle	498	2.5	59 602	0.5%

考虑到概率数据库在不确定数据环境下通常显示出稀疏特性,特别是在移动网络环境下,因此,实验中对基于双向排序策略的挖掘算法进行性能测试也更多地选取了稀疏数据集,并设置不同的最小支持度阈值 min_sup 和最小频繁概率阈值 min_prob。一个很普遍的现象是,针对不同的测试数据集,参加评测的算法有时会显示出相似的性能特征,这可能是因为不同数据集有时展现的数据特性较为相近。在下面的小节中,只选取典型的实验结果进行图形展示。

3.4.2　实验结果分析

本章的实验环境主要是基于著名的开源数据挖掘软件库 SPMF[180](http://www.

philippe-fournier-viger. com/spmf/)，所有的对比算法也都来自 SPMF 网站提供的数据包。对算法的性能测试主要从最小支持度阈值、算法的可扩展性以及数据的稀疏程度对算法性能的影响等方面进行，在相同数据集下将采用新策略的改进算法与现有算法在运行时间、内存占用等方面进行比较。

借鉴目前频繁模式挖掘领域的理论研究成果和实验评测结果，这里设计了如下两组实验展示新策略的性能。

1. 基于双向处理策略的 Bi-Eclat 算法在传统确定数据集上的性能

第一组实验选取公开数据集上的确定数据作为实验数据，评测支持度排序策略对算法性能的影响。具体实验方法为：基于传统的 Eclat 框架，将三种使用不同支持度排序策略的算法在相同实验环境下进行性能对比。这三种算法分别是使用双向处理策略的 Bi-Eclat 算法、使用字母表顺序排列的传统 Eclat 算法和使用双向逆序处理策略的 Bi-Eclat 逆序算法。实验选取不同的最小支持度阈值 min_sup 实施频繁项集挖掘任务并依次记录实验结果，包括频繁项集的支持度、算法的运行时间及内存占用。所有算法在 Windows 7 操作系统上使用 Java 编程语言实现。

实验目标是比较上述三种算法的运行时间和内存需求。在保持内存占用基本不变的条件下，图 3.3～图 3.6 显示了不同支持度排序方式对算法运行时间开销的影响。实验结果表明：支持度降序存储方式能够增加数据存储的紧致性，有利于提高存储效率；在频繁项集产生阶段，项集按支持度升序排列有助于及早甄别出非频繁项集，减少不必要的冗余操作，有利于提高算法的执行效率。其原因是：在支持度计数阶段，Bi-Eclat 算法中项集采用支持度升序排列，支持度最低的项目出现在每一个频繁项集的首位，这意味着它们首先参与交运算并进行支持度比对。根据支持度性质，一旦发现其支持度低于给定的最小支持度阈值，立即终止，从而保证了尽早结束递归算法。相反，Bi-Eclat 逆序算法中项集采用支持度降序排列，位于频繁项集开头的每一个项目具有最高的支持度，在进行支持度比对时极有可能大于最小支持度阈值，从而继续下一步交操作，直至最后找到支持度较小的项目才退出递归算法。这时虽然发现前面的比对操作只是“无用功”而陡然增加了冗余操作，但也是无计可施，从而导致算法性能较差。

实验结果分析中还得到以下可能结论。

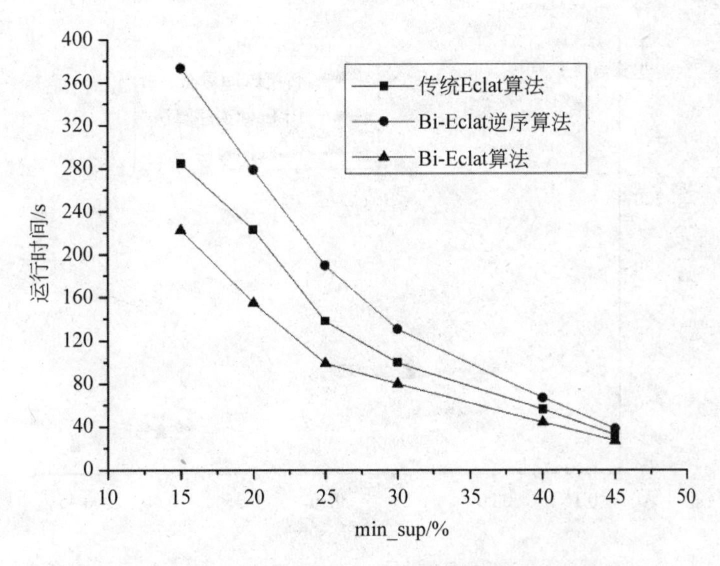

图 3.3　在稠密数据集 Connects 上的性能比较

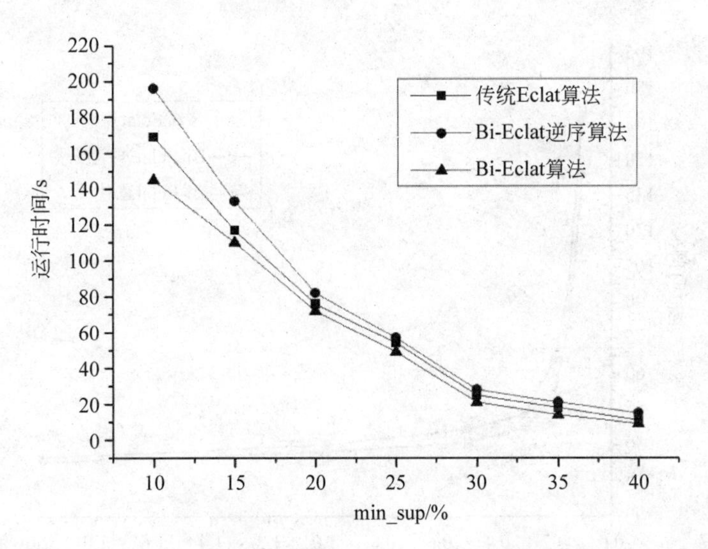

图 3.4　在稠密数据集 Mushroom 上的性能比较

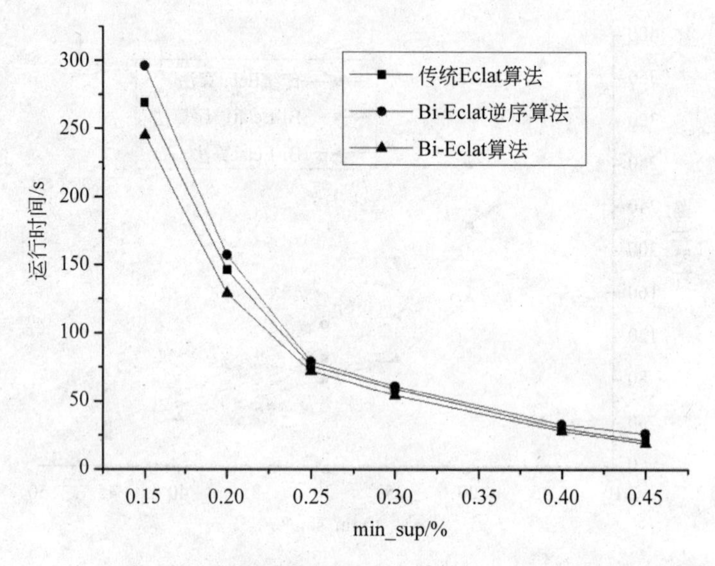

图 3.5 在中等密度数据集 Accidents 上的性能比较

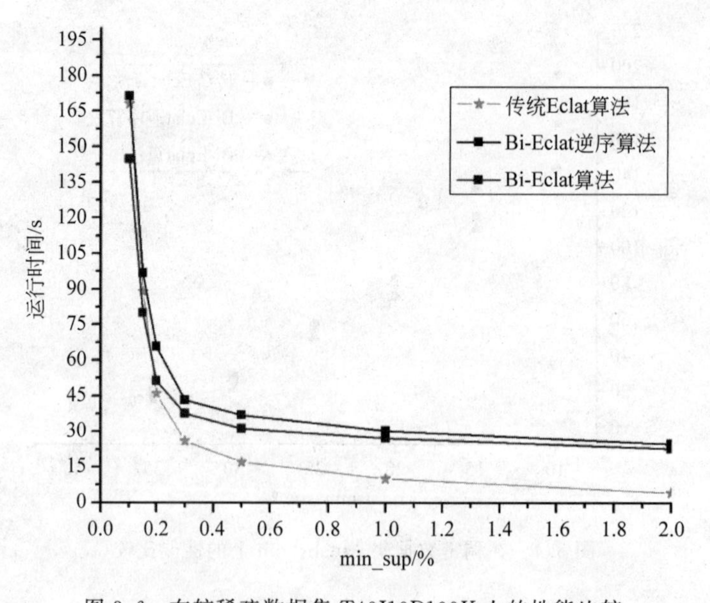

图 3.6 在较稀疏数据集 T40I10D100K 上的性能比较

首先，给定相同的 min_sup 阈值，尽管这三种算法耗费的运行时间存在差别，但挖掘出的频繁项集数量基本相同(见图 3.7)。算法运行结果的一致性验证了算法的正确性，为下一步针对三种算法的性能比较奠定了基础。

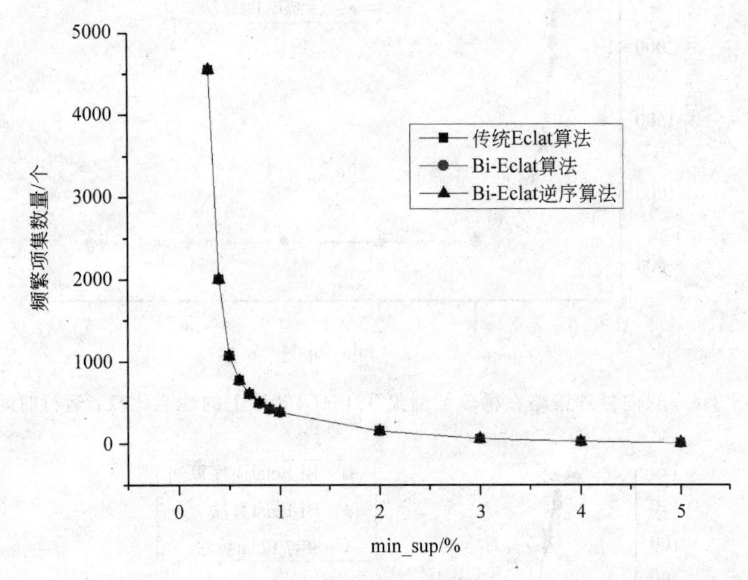

图 3.7　双向处理策略在稀疏数据集 T10I4D100K 上的性能：频繁项集数量

其次，从实验结果明显看到，算法的时间开销随着最小支持度阈值 min_sup 的增加而减少，这是因为给定的 min_sup 阈值越大，产生的候选项集数目越少，扫描数据库的次数也减少(见图 3.3～图 3.6)。当 min_sup 阈值降低时，这三种算法挖掘出的频繁项集数量也迅速增加(见图 3.7)，运行时间也都显著提高(见图 3.8)。

实验结果表明，随着 min_sup 阈值的提高，这三种算法的内存占用都平滑降低，尽管降低的幅度很小(见图 3.9)。实际上，数据库按支持度升序或降序存储并没有增加额外的内存开销。当然，在内存需求方面，双向处理策略也没有表现出显著的性能优势。在内存占用相似的前提下，基于相同的 Eclat 框架，采用不同支持度排序策略的频繁项集挖掘算法在不同数据集上显示出迥然不同的挖掘性能。在中等稠密度的 Accidents 数据集上，Bi-Eclat 算法和 Bi-Eclat 逆序算法在运行时间指标上都取得了优势，虽然与不确定数据集上的实验结果相比，这一优势并不十分明显。与先前的预测一致，传统 Eclat 算法的性能

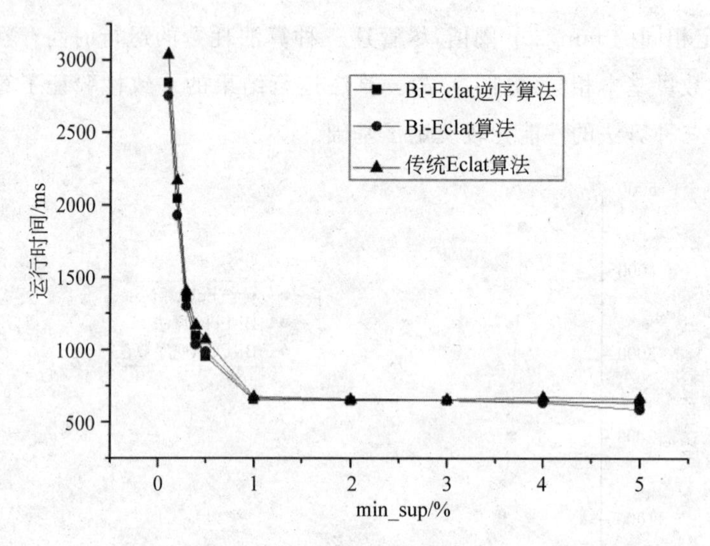

图 3.8 双向处理策略在稀疏数据集 T10I4D100K 上的性能比较：运行时间

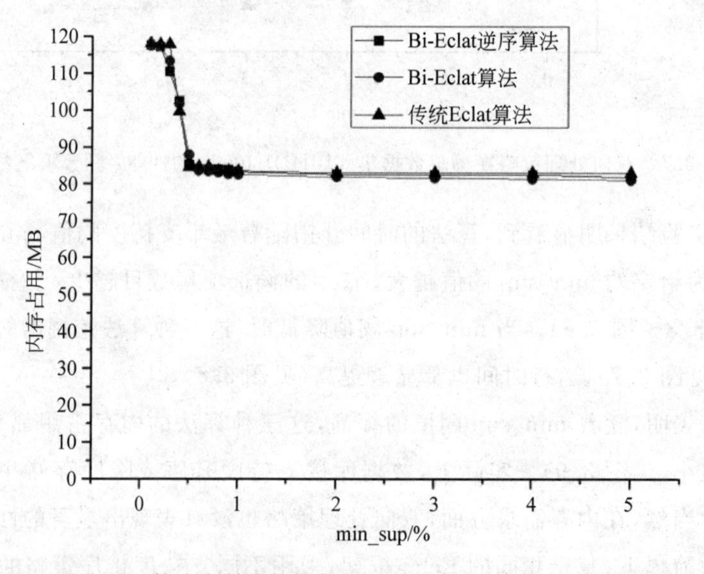

图 3.9 双向处理策略在稀疏数据集 T10I4D100K 上的性能比较：内存占用

明显落后于两种按照支持度排序的算法。究其原因，应该是字母序排列的 Eclat 算法在处理过程中受累于冗长的交运算和繁复的计算而导致了性能损失。

再次，当给定的最小支持度阈值 min_sup 较大时，算法挖掘出的大多是短频繁项集，实验中三种算法普遍表现出较高的性能(见图 3.7)。然而，随着最小支持度阈值的降低，长频繁项集的数量也增大，Bi-Eclat 算法表现出良好的性能。由此可以得出结论：Bi-Eclat 算法在挖掘长频繁项集方面具有一定的性能优势，可能适合在大规模长模式数据集上实施频繁项集挖掘任务。

最后，在稀疏数据集 T10I4D100K 和 Kosarak 中，Bi-Eclat 算法在运行时间上显示出较大的性能差异。在某些给定的 min_sup 阈值上，Bi-Eclat 算法在运行时间指标上获得了非常好的实验效果。而在另外一两个点所示的 min_sup 阈值下，Bi-Eclat 算法却失去了与 Bi-Eclat 逆序算法竞争的性能优势(见图 3.8)。这说明 Bi-Eclat 算法并不是在所有稀疏数据集上都有稳定的性能，也许该方法只适用于某些特定的稀疏数据库。这也是需要进一步研究的问题。

总的来说，与传统 Eclat 算法相比，基于支持度排序策略的 Eclat 算法具有一定的竞争优势，这表明不同的排序策略对改善算法的性能都有益处。然而，所有的实验结果都没有显示出预期的显著优势。究其原因，可能是源于确定数据环境下，数据本身的特性就是所有项目的存在概率都等于 1。这样，按照项目存在概率降序排列各项集的优势不复存在，更不要说忽略微小存在概率的项集以减少计算过程的复杂度这一技巧了。也就是说，Bi-Eclat 算法中的双向处理策略在确定数据环境下根本没有机会展示其应有的性能优势。

2. 基于双向排序策略的精确挖掘算法在概率数据集上的性能

正如 3.4.1 节所述，在移动网络环境下，概率数据库常常表现出稀疏的特性，例如，广为接受的 Kosarak 和 Gazelle 数据集。因此，本节主要研究基于支持度双向排序策略的精确挖掘算法在概率数据集 Kosarak 和 Gazelle 上的性能。所有算法用 Microsoft Visual C++ 实现。

当前的研究中，人们更倾向于用高斯分布描述概率数据的不确定性。因此，在这组实验选用的数据集中，用高斯分布发生器生成概率数据库中每个项目的存在概率。Kosarak 数据集设置为低均值(0.5)高方差(0.5)的概率数据集，而 Gazelle 数据集设置为高均值(0.95)低方差(0.05)的概率数据集。实验步骤如下：分别运行带有剪枝策略的动态规划算法 UApriori(DP with Pruning[181])、采用超结构的 UH-mine 算法[79]和采用双向排序策略的概率频繁项集精确挖掘算法。其中,UApriori 算法是当前最常用的概率频繁项集精确挖掘算法,而 UH-mine 算法是当前公认的效率最高的概率频繁项集精确挖掘算法。

总的来说,Kosarak 和 Gazelle 数据集上的实验显示了相似的结论,并说明改进算法比以往方法具有更好的性能。主要结论如下。

(1) 基于双向排序策略的精确挖掘算法在稀疏概率数据集 Kosarak 上的性能比较(见图 3.10～图 3.12)清晰地展示了双向排序策略在 Eclat 框架下的性能优势:在内存占用略有收缩的优势下,算法的运行时间稍有下降,虽然性能提升没有十分显著,但性能优势能够同时体现在时间和空间两个方面也是非常难得的。而且,性能提升表现得十分稳定。

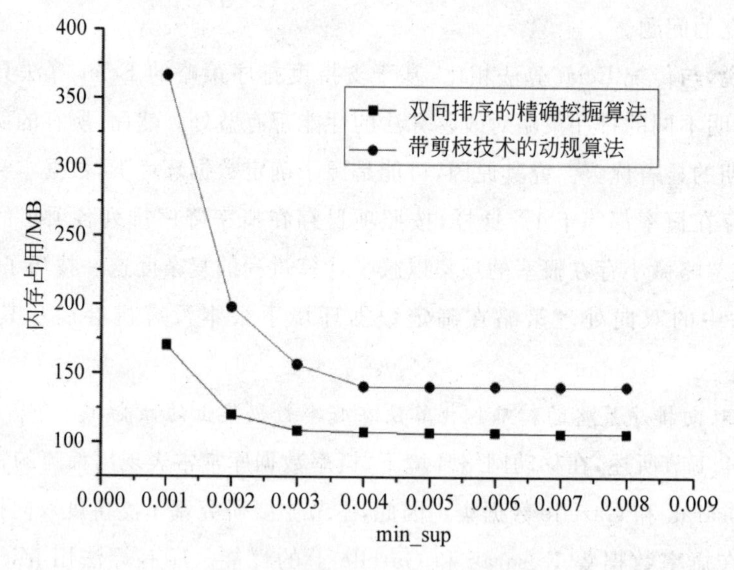

图 3.10　双向排序策略在 Kosarak 数据集上的性能比较:内存占用

(2) 当 min_sup 从 0.8%变化到 0.3%,这三种算法的内存占用都相当稳定。然而,当 min_sup 降至 0.2%,这三种算法的内存占用都急剧上升,这可能是因为在 min_sup=0.2%时,产生的频繁项集数量急剧增多的缘故(见图 3.10)。幸运的是,基于双向排序策略的精确挖掘算法比另外两种算法展现出更好的稳定性,这极有可能是得益于双向排序策略。

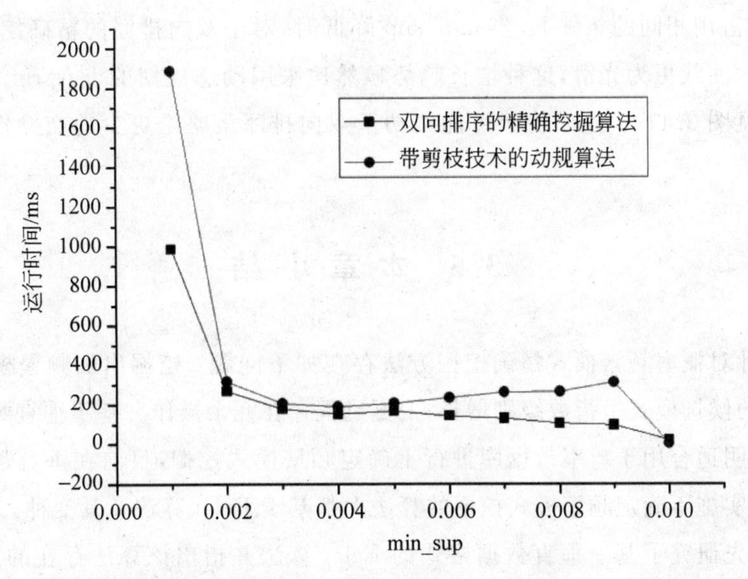

图 3.11　双向排序策略在 Kosarak 数据集上的性能比较：运行时间

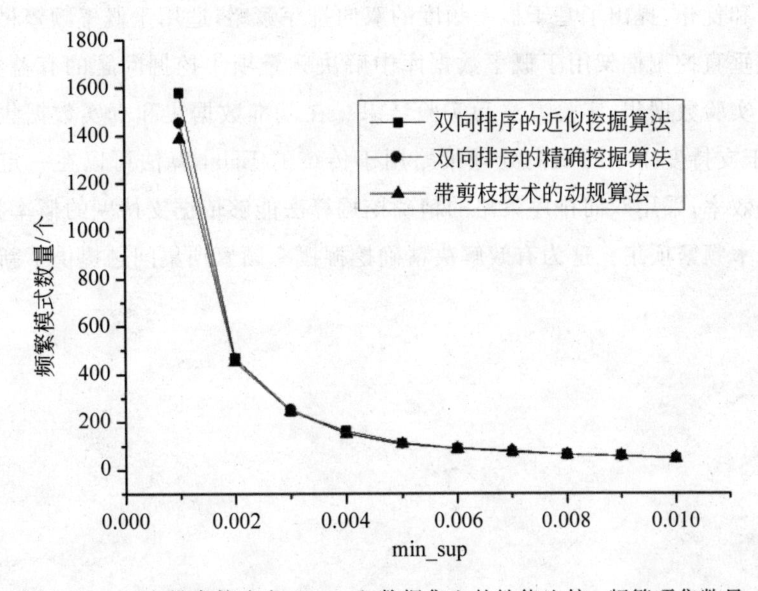

图 3.12　双向排序策略在 Kosarak 数据集上的性能比较：频繁项集数量

在内存占用相同的条件下，当 min_sup 降低时，对于双向排序的精确挖掘算法，其运行时间增加，曲线更为光滑，这种增长趋势显然比采用动态规划的 UApriori 算法表现得更为稳定(见图 3.11)。这一优势可能归功于双向排序策略中更少的交操作和更简捷的计算过程。

3.5 本章小结

目前，针对概率频繁模式精确挖掘方法存在如下问题：挖掘出的频繁模式存在信息丢失；产生的候选模式呈指数级别增长；挖掘过程存在冗余操作。基于垂直数据格式的挖掘算法被证明适合用于概率数据库进行不确定频繁模式挖掘，目前在垂直数据格式的概率数据库上实施不确定频繁模式挖掘的算法大都基于 Eclat 算法及其变种。

本章首先研究了基于垂直数据格式的 Eclat 算法并指出该算法存在的问题，进而提出了基于支持度排序的双向处理策略；接着针对概率数据库的稀疏特性对双向处理策略进一步改进和优化，提出了基于概率频度的双向排序策略，适用于概率频繁模式精确挖掘算法。这是垂直挖掘框架用于概率数据库中解决频繁项集挖掘问题的有益尝试。最后，详细介绍了实验数据集、实验方法和实验结果。在基准数据集和真实数据集上的对比实验表明，基于支持度排序的双向处理策略用于传统的 Eclat 算法可以在一定程度上提高算法的执行效率；采用双向排序策略的精确挖掘算法能够依据支持度的概率分布，准确挖掘出所有概率频繁项集。这为有效解决精确挖掘概率频繁项集问题提供了新的思路。

第4章　Eclat 框架下的概率频繁项集挖掘算法

针对概率数据库的特点以及概率频繁项集挖掘算法中存在的问题，本章提出两种采用支持度双向排序策略的概率频繁项集挖掘算法。基于概率频度的定义，这两种算法可以用于概率数据库，分别适合完成概率频繁项集的精确挖掘和近似挖掘任务。本章结构安排如下：4.1 节介绍概率频繁项集挖掘相关概念和重要结论；4.2 节重点介绍改进后的算法，即基于概率频度的概率频繁项集精确挖掘算法——UBEclat 算法；4.3 节重点介绍第二个改进算法，即基于概率频度，结合大数定律的概率频繁项集近似挖掘算法——NDUEclat 算法；4.4 节介绍在基准数据集和真实数据集上的实验评测，本章提出的两个新算法在主要性能指标上获得了良好的实验结果；4.5 节为本章小结。

4.1　概率频繁项集挖掘相关概念

在概率数据库中，基于可能性世界理论出现了两种不同的频繁项集定义：基于期望支持度的频繁项集和基于概率频度的频繁项集。前人的研究大多是根据其中一种定义开展研究工作。然而，Tong 等证明支持度的这两种定义之间存在着密切联系[182]。

既然自然界中事务或项目的存在是以概率的形式来描述的，显然采用类似于确定情况下的支持度计数方式描述项目出现的频繁程度是不科学的。Chui 等在 UApriori 算法[78]中首次提出了用项目的期望支持度描述不确定数据环境下项目出现的频繁程度。

项集的期望支持度　给定含有 N 个事务的概率数据库 PDB，项集 X 的期望支持度定义为数据库内所有事务中项集 X 的存在概率之和。

$$\mathrm{exsup}(X) = \sum_{i=1}^{N} p_i(X) \tag{4.1}$$

基于期望支持度的频繁项集　给定一个含有 N 个事务的概率数据库 PDB，当且仅当

$\text{exsup}(X) \geqslant N \times \text{min\_sup}$[①] 成立时，项集 X 为基于期望支持度的频繁项集。

例 4.1 如表 4.1 所示，若 min_sup＝0.4，使用式(4.1)，可以得到项集 X 的期望支持度 $\text{exsup}\{A,C\} = 0.6\times0.4+0.6\times0.8+0.5\times0.7=1.07<2.0$。也就是说，$\text{exsup}(\{A,C\})<5\times\text{min\_sup}$，项集 X 不是基于期望支持度的频繁项集。

概率频度 给定一个含有 N 个事务的概率数据库 PDB，项集 X 的概率频度定义为

$$\Pr(X) = \Pr\{\sup(X) \geqslant N \times \text{min\_sup}\} \tag{4.2}$$

概率频繁项集 给定一个含有 N 个事务的概率数据库 PDB，当且仅当概率频度 $\Pr(X)$不小于最小频繁概率阈值 min_prob 时，项集 X 被称为概率频繁项集。这里，min_sup 和 min_prob 的取值均由用户指定。

例 4.2 如表 4.1 所示，设 min_prob＝0.25，min_sup＝0.4，使用式(4.2)，得到项集$\{A,C\}$的概率频度。

$$\begin{aligned}\Pr(\{A,C\}) &= \Pr\{\sup(\{A,C\}) \geqslant 5\times0.4\}\\ &= \Pr\{\sup(\{A,C\}) = 2\} + \Pr\{\sup(\{A,C\}) = 3\} +\\ &\quad \Pr\{\sup(\{A,C\}) = 4\} + \Pr\{\sup(\{A,C\}) = 5\}\end{aligned}$$

其中

$$\Pr\{\sup(\{A,C\}) = 4\} = \Pr\{\sup(\{A,C\}) = 5\} = 0$$

$$\Pr\{\sup(\{A,C\}) = 3\} = 0.24\times0.48\times0.35 = 0.040\,32$$

$$\begin{aligned}\Pr\{\sup(\{A,C\}) = 2\} &= 0.24\times0.48\times(1-0.35)+0.24\times(1-0.48)\times0.35+\\ &\quad (1-0.24)\times0.48\times0.35 = 0.24624\end{aligned}$$

因此

$$\Pr\{A,C\} = 0.246\,24+0.040\,32+0+0 = 0.286\,56 > 0.25$$

所以，项集$\{A,C\}$是一个基于概率频度定义的不确定频繁项集，简称概率频繁项集。

---

① min_sup：在概率数据库中，min_sup 一般是指相对支持度阈值，即绝对支持度阈值与事务数的比值。所以，本章中的 min_sup 表示相对支持度阈值。

表 4.1　概率数据库中垂直数据格式

TID	事务列表			
A	$T_1(0.6)$	$T_2(0.7)$	$T_3(0.6)$	$T_5(0.5)$
B	$T_1(0.5)$	$T_3(0.2)$		
C	$T_1(0.4)$	$T_3(0.8)$	$T_4(0.7)$	$T_5(0.7)$
D	$T_1(0.5)$	$T_2(0.8)$	$T_3(0.4)$	$T_4(0.3)$
E	$T_2(0.25)$	$T_4(0.2)$	$T_5(0.3)$	

针对概率数据的频繁项集挖掘方法，大致可以分成两类：基于期望支持度的挖掘算法和基于概率频度的挖掘算法。在早期针对概率数据的研究中，大多数科研工作者聚焦在基于期望支持度的频繁项集挖掘研究，并取得了不错的成绩。近年来，Bernecker 等[183]发现基于期望支持度定义的频繁项集存在明显缺陷：它忽略了不确定数据的内部结构，未考虑所有不确定实体之间的相互作用。这样，仅仅依据期望支持度来确定频繁项集可能会导致信息丢失。更重要的是，不确定性是概率数据的固有特性，这在评估频繁项集时应起到重要作用。因此，在最新研究中，基于概率频度的频繁项集挖掘方法作为一个新的研究方向引起了广大科研工作者的关注。

然而，计算项集的概率频度却是一项复杂耗时的工程。值得庆幸的是，经过理论分析和实验室的研究，Tong 等[182]发现期望支持度与概率频度这两个定义都可以用于评估项集在概率数据中出现的频繁程度，二者具有密切的联系。而且，在不确定数据量巨大的概率数据库中，只要分别计算出项集的期望支持度和支持度方差，就可以改进基于期望支持度的频繁项集挖掘算法，用于有效地挖掘概率频繁项集。因此，科研工作者提出，可以借鉴合适的基于期望支持度的频繁项集挖掘算法高效挖掘出概率频繁项集。本章的研究内容就是基于概率频度的定义，提出两种适用于概率数据库中挖掘概率频繁项集的算法。

4.2　概率频繁项集精确挖掘算法

同基于期望支持度的概念相比，概率频度更注重以整体的观念对待项目的支持度集合。或者说，概率频繁项集更关注一个项集支持度的概率分布，这样有利于在随机可能性世界里捕获到不确定数据间的微妙关系。

4.2.1 相关工作

基于概率频度的定义，目前存在的不确定频繁模式挖掘技术主要有概率频繁项集挖掘、频繁闭项集挖掘[184,185]、Top-k 频繁模式挖掘[48,186]、序列模式挖掘[90,187]等。概率频繁项集挖掘算法可以分为两类：精确挖掘算法和近似挖掘算法。其中，精确挖掘算法主要基于经典的 Apriori 框架。

依据概率频繁项集的定义，概率数据库中一个项集的支持度可以看作一个服从二项分布的随机变量。因此，2009 年，Bernecker 等[68]首次提出基于 Apriori 框架的概率频繁项集挖掘算法，即自底向上迭代产生候选项集，通过剪枝得到概率频繁项集。该算法首先计算每一个项目的概率频度，检测出所有的概率频繁项目集合。针对所有的 1-频繁项集，计算相应的概率质量函数(PMF)，用于生成 2-候选项集，通过支持度检验筛选出其中的 2-频繁项集并分别计算它们的概率质量函数，用于生成 3-候选项集……直至不再产生新的频繁项集为止。总的来说，该算法继承了 Apriori 框架的思路，每次由 k-频繁项集产生 $(k+1)$-候选项集，利用 Apriori 先验性质实施剪枝操作，最后找到所有的概率频繁项集并返回各个支持度的概率质量函数。

显然，在挖掘概率频繁项集过程中，如何准确高效地计算每个项集支持度的概率质量函数是决定算法性能优劣的关键。Sun 等[181]提出两种方法简单快捷地计算支持度的概率质量函数，即 DP 算法和 DC 算法。DP 算法是采用动态规划的方法。项集 X 的概率质量函数 f_X 初始化为$\{1,0,\cdots,0\}$；然后依次读取每一条新事务，这样概率质量函数 f_X 的值也随着信息的增加得以更新并进入缓存；不断重复这一迭代过程直至所有事务所在的记录全部处理完毕。该动规算法的时间复杂度为 $O(n^2)$，空间复杂度为 $O(n)$。

Sun 等提出的第二种方法采用分而治之的策略，简称 DC 算法。给定项集 X，如果概率数据库中包含不止一个事务的话，就将该概率数据库水平划分成两个独立的子数据库 D_1 和 D_2，然后分别在子数据库中执行迭代过程，即基于子数据库分别计算项集 X 的概率质量函数，最后根据两个子数据库中的概率质量函数最终产生项集 X 支持度的概率质量函数。该算法的理论依据是：既然项集 X 在子数据库 D_1 和 D_2 中的支持度 $SUP_{D_1}(X)$和

$SUP_{D_2}(X)$是相互独立的随机变量，因此，$SUP(X)=SUP_{D_1}(X)+SUP_{D_2}(X)$。令 f_X^1、f_X^2分别是 $SUP_{D_1}(X)$和 $SUP_{D_2}(X)$的概率质量函数，那么

$$f_X(k)=\sum_{i=0}^{k} f_X^1(i)\times f_X^2(k-i) \tag{4.3}$$

实际上，f_X 是 f_X^1 和 f_X^2 的卷积。这样，使用快速傅里叶变换(FFT)算法，式(4.3)的时间复杂度可降为 $O(n\log_2 n)$。因此，DC 算法的时间复杂度为 $c(n)=2c(n/2)+O(n\log_2 n)$，即 $O(n\log^2 n)$；空间复杂度为 $O(n)$。这表明，DC 算法在大数据集上的运行效率明显优于 DP 算法。

常用的这些精确挖掘算法都是基于水平数据格式的。在概率频度的定义下，目前还没有真正的基于垂直数据格式的频繁项集精确挖掘算法。在前人工作的基础上，本书作者设计了一种新的基于 Eclat 框架的不确定频繁项集挖掘算法(UBEclat 算法)，用于概率数据库中发现概率频繁项集。

4.2.2　Tidlist 数据结构

先前的频繁模式挖掘算法大多基于水平数据格式。然而，在不确定数据环境下，垂直数据格式也是描述概率数据库的常用形式，如移动用户潜在的购买行为。实际上，UBEclat 算法采用的 Tidlist 数据结构是传统数据库中垂直数据格式的扩展版本，只是对每个属性值增加了一个概率参数，用来表示一个项目在特定事务中存在的可能性。

在概率数据库 PDB 中，垂直数据格式表示为二元组$\langle x,\text{tidlist}(x)\rangle$，用于描述构成数据库的项目集合，其中 x 是项目标识符，$\text{tidlist}(x)$是支持项目 x 的事务列表，其中每一条事务包含一个事务标识符 t_i 和一个存在概率 $p_x(t_i)$($0<p_x(t_i)<1$)：

$$\text{tidlist}(x)=\{(t_1,p_x(t_1)),(t_2,p_x(t_2)),\cdots,(t_i,p_x(t_i)),(t_m,p_x(t_m))\}$$

这里，$p_x(t_i)$意味着项目 x 与事务 t_i 之间具有潜在的不确定关系。

4.2.3　概率频度计算模块

在实际的不确定应用中，若要确切地说出一个项目是否属于特定的事务显然十分困难。一般情况下，人们通常使用可能性世界语义来描述原始数据的不确定性。在可能性

世界语义中,一个概率数据库会看作可能性世界的集合,每一个可能性世界都会对给定项目的概率支持度取值做出一定贡献。这样,概率频繁项集的支持度可以表示为概率质量函数。

在基于垂直数据格式的改进算法中,可以采用自底向上的方式计算每个项集的概率频度 $\Pr(X)$。这里使用二维数组 $P_X[i,j]$描述项集 X 的情况,二元组$[i,j]$标识每个单元的取值,表示概率数据库 PDB 中项集 X 第 i 次出现在前 j 个事务中的概率。类似地,$\Pr_{\geqslant i,j}(X)$表示 j 个事务中至少有 i 个事务包含项集 X 的概率。

在改进算法中,用如下递归公式计算每个项集的概率频度,并基于动态规划的方法构建支持度的概率质量函数。

$$\Pr_{\geqslant i,j}(X) = \Pr_{\geqslant i-1,j-1}(X) \times \Pr(X \subseteq T_j) + \Pr_{\geqslant i,j-1}(X) \times (1 - \Pr(X \subseteq T_j)) \tag{4.4}$$

这里,$\Pr_{\geqslant 0,j}=1$,当 $0 \leqslant j \leqslant |T|$;$\Pr_{\geqslant i,j}=0$,当 $i>j$。

该公式具有两层含义:一方面,如果项集 X 没有出现在当前事务 T_j 中,那么 $\Pr_{\geqslant i,j}(X)$的取值与 $\Pr_{\geqslant i,j-1}(X)$相等,这种情况存在的概率是$(1-p_X(t_i))$;另一方面,若是项集 X 出现在当前事务 T_j 中,那么在事务 T_j 之前的 $i-1$ 个事务为支持项集 X 的出现做出了贡献,这种情况的存在概率是 $p_X(t_i)$。

显然,在得到 $\Pr_{\geqslant i,j-1}(X)$和 $\Pr_{\geqslant i-1,j-1}(X)$取值的前提下,很容易计算出 $\Pr_{\geqslant i,j}(X)$的值。而且,$\Pr_{\geqslant i,j}(X)$的值还可以用于计算 $\Pr_{\geqslant i+1,j}(X)$的结果。这样,当迭代过程中 i 递减到最小支持度阈值 min_sup 时,就得到了概率频度 $\Pr_{\geqslant \text{min\_sup},|T|}(X)$。

首先,假设 $P_X[0,0]=1$,$P_X[1,0]=0$。从原始数据库中得到 $P_X[1,1]=p_X(t_1)$,这样就得到了 $P_X[1,2]=p_X(t_1)+p_X(t_2)(1-p_X(t_1))$。类似地,得到一系列的值 $P_X[1,j]=p_X(t_j)+P_X[1,j-1](1-p_X(t_j))$。接着,利用上述公式,计算 $P_X[2,2]=p_X(t_1)p_X(t_2)$,然后是 $P_X[2,j]=P_X[1,j-1]p_X(t_j)+P_X[2,j-1](1-p_X(t_j))$。

接着,开始下一轮迭代:

$$\begin{aligned} P_X[m,m] &= p_X(t_1)p_X(t_2)\cdots p_X(t_{m-1})p_X(t_m) \\ &= \prod_{i=1}^{m} p_X(t_i) \quad (\text{这里 } 1 \leqslant m \leqslant |T|) \end{aligned}$$

继续依次处理项集 X 支持的事务列表,当 $i=\text{min\_sup}$ 且 $j=|T|$时,就得到了项集 X 的

概率频度 $\Pr_{\geqslant \min\_sup, |T|}(X)$。

DPEclat 算法描述如算法 4.1 所示。

算法 4.1　DPEclat 算法：概率频度计算模块。

输入：项集 $X(t_i, p_X(t_i))(1 \leqslant i \leqslant |T|)$。
输出：概率质量函数 $P_X[i, j]$。
1：DPEclat( )
2：**For** $j = 0$ to $|T|$ do
3：　$P_X[0, j] = 1$;
4：**end for**
5：**For** $j = 0$ to $|T|$ do
6：　　**For** $i = 0$ to min(j, min_sup) do;
7：　　　**If** $i > j$
8：　　　　$P_X[i, j] = 0$;
9：　　　**else if** $i \geqslant j$
10：　　　　$P_X[i, j] = p_x[i, j] = \prod_{i=1}^{j} p_x(t_i)$
11：　　　**else if** $i < j$;
12：　　　　$P_X[i, j] = P_X[i-1, j-1]\, p_X(t_j) + P_X[i, j-1](1 - p_X(t_j))$
13：　　　**end if**
14：　　**end for**
15：**end for**
16：return $P_X[i, j]$;

4.2.4　UBEclat 算法

UBEclat 算法包含三个步骤。

步骤 1　构建概率数据库 PDB 的垂直数据格式，并按照双向排序策略将项目排列在 Tidlist 数据结构中。在概率数据库中，当数据由水平格式转化为垂直格式时，按顺序扫描 Tidlist 中的所有项目并丢弃支持度低于最小支持度阈值 min_sup 的那些项目。接着计算项目的概率频度并与最小频繁概率阈值 min_prob 比较。最后基于双向排序策略，得到按照概率频度排序的项目数据库。

步骤 2 对项目剪枝，用交操作和乘法计算得到 k-项集的概率频度。首先，得益于项目按支持度顺序排列，可以很容易地识别出概率频繁项目。接着，基于等价类中子集的并操作产生候选项集，并使用递推公式计算每一个项集的概率频度。通过各自元组中对应同一事务的项集间的交操作，高效、便捷地得到所有的候选 k-项集。

步骤 3 在候选数据库 D_{k+1} 中递归挖掘概率频繁项集。基于 Apriori 先验性质，非频繁项集能够迅速被识别出来。并且，算法执行时也可以有选择地使用其他剪枝策略优化挖掘过程，如基于 Tidlist 长度的剪枝或 Chernoff 边界剪枝。接着，基于 k-频繁项集构建投影数据库 D_{k+1}。概率数据库 D_{k+1} 由包含所有(k+1)-频繁项集的 Tidlist 结构组成，其中每条记录中的事务列表包含对应的事务标识符 t_i 和其支持项集的存在概率 $p_X(t_i)$。

UBEclat 算法描述如算法 4.2 所示。

算法 4.2 UBEclat 算法：概率频繁项集产生模块。

输入：基于双向排序策略，采用垂直数据格式的概率数据库 PDB。

输出：所有的概率频繁项集。

```
1: UBEclat( )
2: while all atoms X_i ∈ S do
3:    T_i = ϕ;
4:    while all atoms X_j ∈ S and sup(X_j) > sup(X_i) do
5:       R = X_i ∪ X_j;
6:       tidlist(R) = tidlist(X_i) ∩ tidlist(X_j);
7:       DPEclat(X);
8:       if P_X[i,j] ≥ min_prob
9:          S = S ∪ {R}; T_i = T_i ∪ {R}
10:       end if
11:    end while
12: end while
13: while T_i ≠ ϕ do
14:    UBEclat(T_i)
15: end while
```

4.3　概率频繁项集近似挖掘算法

依据概率频繁项集关于支持度的定义，概率数据库中一个项集的支持度可以看作一个服从二项分布的随机变量，显然这些随机变量是相互独立的。因此，依据中心极限定律，当概率数据库足够大时，可以基于泊松分布或高斯分布设计概率频繁项集近似挖掘算法。

4.3.1　近似挖掘理论基础

Bernecker 等[188]通过理论和实验都证明了基于泊松分布和高斯分布近似挖掘概率频繁项集的有效性和准确性。

图 4.1(a)显示基于期望支持度执行不确定频繁项集挖掘算法时得到的概率质量函数与实际支持度分布的对比。显然，期望支持度只是对真实支持度分布的非常粗糙的近似。在近似过程中，关于支持度的许多重要信息(如方差等)都丢失了，因此，无法保证该近似结果的可信度。图 4.1(b)显示基于小数泊松定律近似得到关于支持度的概率质量函数。可以看到，理论误差的上界非常小。实际上，作者的实验结果也证明了这种近似方法的准确性很高。

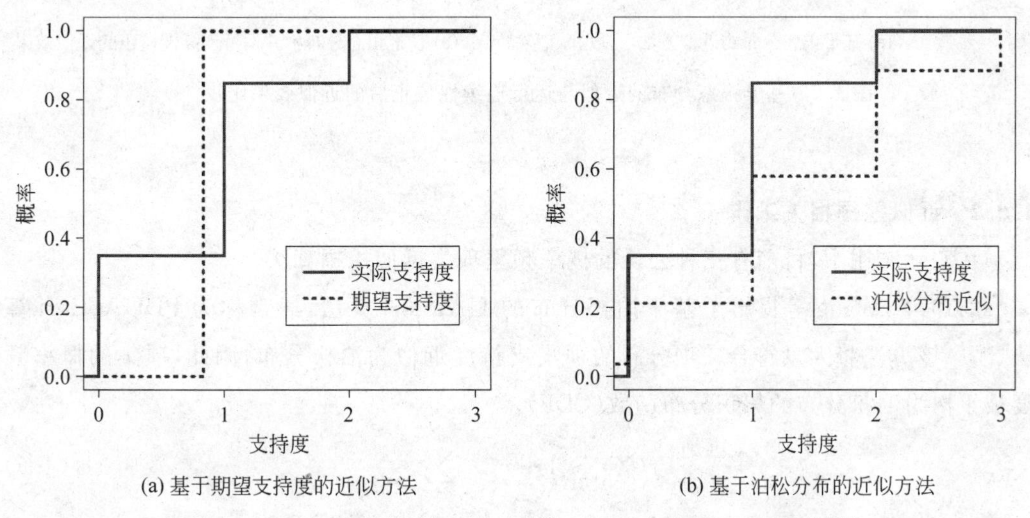

(a) 基于期望支持度的近似方法　　(b) 基于泊松分布的近似方法

图 4.1　基于期望支持度的近似与基于泊松分布的近似效果比较[188]

图 4.2(a) 显示基于中心极限定理，使用正态分布近似挖掘概率频繁项集过程中产生的概率分布函数与实际支持度分布的对比，这里累积分布函数中 μ_I 设置为 min_sup−1。因为 X 是一个离散分布，而这里使用一个连续的正态分布来实现近似，所以，在实际应用中，通常需要将积分运行到 min_sup−0.5 来代替 min_sup−1 以实现连续性校正，这也是一个重要和常见的补偿办法。因此，图 4.2(b)显示的是运行连续性校正之后的效果。同时，实验结果也证明了使用正态分布近似挖掘概率频繁项集的有效性和准确性。

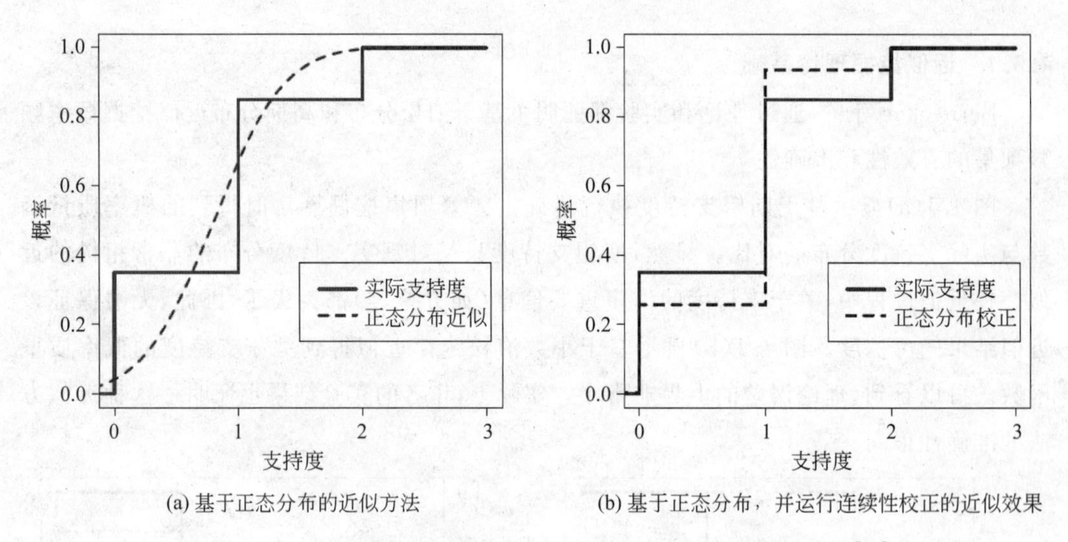

(a) 基于正态分布的近似方法　　(b) 基于正态分布，并运行连续性校正的近似效果

图 4.2　基于正态分布的近似与运行连续性校正后的近似效果比较[188]

4.3.2　近似挖掘相关工作

在实际应用中，目前有三种公认的概率频繁项集近似挖掘算法。

2010 年，Wang 等提出了基于泊松分布的 UApriori 算法，通常称为 PDUApriori 算法[189]。该算法将大量符合二项分布的项集支持度近似为泊松分布，因此，项集的概率频度被重构为泊松分布的累积分布函数(CDF)。

$$\Pr(X) \approx 1 - \mathrm{e}^{-\lambda} \sum_{i=0}^{N\times \mathrm{min\_sup}} \frac{\lambda^i}{i\,!} \tag{4.5}$$

这里，泊松分布中参数 λ 是随机变量的数学期望和方差。PDUApriori 算法首先根据给定的最小支持度阈值计算项集的期望支持度 λ，然后依据 Apriori 先验性质，基于期望支持度 λ，使用 UApriori 算法计算出所有基于期望支持度的频繁项集，进而找到所有基于概率频度的频繁项集。

在此基础上，Calders 等[190]提出了基于正态分布的概率频繁项集近似挖掘算法——NDUAprior 算法。其原理是，根据李雅普诺夫(Lyapunov)中心极限定理，服从泊松二项分布的概率频度可以近似为正态分布，只要待考虑的数据库足够大即可。因此，Calders 基于标准正态分布对项集的概率频度进行改写：

$$\Pr(X) = \Phi\left(\frac{N \times \text{min\_sup} - 0.5 - \text{exsup}(X)}{\sqrt{\text{Var}(X)}}\right) \tag{4.6}$$

这里，$\Phi(\cdot)$是标准正态分布的累积分布密度，$\text{Var}(X)$是项集 X 支持度的方差。根据中心极限定理，在事务数据库足够大的前提下，符合泊松二项分布的随机变量将以高概率值近似为正态分布。采用 Apriori 框架，NDUApriori 算法借用标准正态分布的累积分布函数来计算概率频度，反馈所有的概率频繁项集。当前，NDUApriori 算法被证明是适用于数据量巨大的稠密概率数据库的最快挖掘算法。与 PDUApriori 算法不同，NDUApriori 算法的优势在于能够直接找到所有基于概率频度的频繁项集。然而，由于使用 UApriori 框架，NDUApriori 算法不适用于较大的稀疏数据库。因为它继承了 Apriori 框架的普遍缺陷，也就是可能致使候选项集数量庞大并引发计算量泛滥问题。

综合前人的工作，UH-mine 算法适合用于较为稀疏的概率数据库，在执行基于期望支持度的频繁项集挖掘方面表现出了明显的性能优势。同时，基于正态分布的频繁项集近似挖掘方法可以优化挖掘效率，捕获高质量的近似概率频度。因此，在总结上述近似挖掘算法特点的基础上，Tong 等合并 UH-mine 算法和正态分布近似方法的优势，提出了 NDUH-mine 算法[182]。实验结果证明，这种强强联合算法在稀疏的概率数据库中取得了明显优势。另外，实验过程中也获得了如下重要结论。

(1) 在足够大的稠密概率数据库中，NDUApriori 算法是目前最快的概率频繁项集挖掘算法；在足够大的稀疏概率数据库中，NDUH-mine 算法在空间占用和可扩展性方面都获得了明显优势。

(2) 基于正态分布的近似挖掘方法在基于期望支持度的频繁项集挖掘和基于概率频度的频繁项集挖掘这两种技术之间搭建了一条互通互达的桥梁。

(3) 在算法挖掘效率和内存占用等性能指标上，概率频繁项集近似挖掘方法明显优于目前存在的概率频繁项集精确挖掘方法。

4.3.3 NDUEclat 算法

总结前人的研究成果和宝贵经验,概率频繁项集近似挖掘算法与基于期望支持度的频繁项集挖掘方法相比,具有类似的挖掘效率,且前者有效避免了信息丢失。因此,概率频繁项集近似挖掘算法被证明是目前更有前途的方法之一。因为只要待考虑的概率数据库足够大,算法就会以极高的可信度返回所有频繁项集的概率频度。然而,从前面的研究内容也看到,前人的近似挖掘方法都是针对水平数据格式的概率数据库,目前还没有适用于垂直数据格式的概率频繁项集近似挖掘算法。

在概率数据库中,计算所有项集的概率频度是一项比较耗时的工作。为改善算法的运行效率,本书作者基于 Eclat 框架改进频繁项集挖掘算法,提出一种新的概率频繁项集近似挖掘方法——NDUEclat 算法。

前人的研究表明,大多数不确定数据库都是稀疏数据库,且经典的 Eclat 算法在稀疏数据库中普遍取得了良好效果。综合考虑基于 Eclat 框架的概率频繁项集挖掘算法和基于正态分布的近似方法,将这两种技术合并使用,为的是在数据量巨大的稀疏数据库中实施挖掘任务时取得双赢的效果。

1. NDUEclat 算法中概率频度的近似化

在 NDUEclat 算法中,每个项目的期望支持度 $\mathrm{exsup}(x)$ 由定义计算得到,即将处于同一记录的存在概率叠加,因为这些存在概率关联的是 Tidlist 数据结构中的同一个项目。接着计算其方差。公式如下:

$$Sn^2 = \sum_{k=1}^{n} \Pr(x_k = 1)(1 - \Pr(x_k = 1)) \tag{4.7}$$

接下来,在数据量足够大的前提下,概率频度的近似值可以根据标准正态分布的累积分布函数计算得到:

$$\mathrm{freqproc}(x) = \Phi\left(\frac{\mathrm{min\_sup} - 0.5 - \mathrm{expsup}(x)}{Sn}\right) \tag{4.8}$$

如果 $\mathrm{frequent}(X) \geqslant \mathrm{min\_sup}$,则项集 X 就是基于概率频度定义的频繁项集。

2. 计算 k-模式的期望支持度

首先考虑 $k=2$ 的情况。例如,计算 2-项集$\{a,x\}$的期望支持度:

$$\text{exsup}(\{a,x\}) = \{t_i: p_a(t_i) \times p_x(t_i) \mid p_a \in \text{tidlist}(a) \quad 且 \quad p_x \in \text{tidlist}(x)\}$$

如有必要,应用 2-频繁项集$\{a,x\}$和$\{a,y\}$的交运算计算 3-项集$\{a,x,y\}$的期望支持度:

$$\begin{aligned}\text{exsup}(\{a,x\} \cup \{a,y\},t_i) &= \sum_{i=1}^{|T|} \prod_{z\in\{a,x\}} P(z,t_i) \times \prod_{z\in\{a,y\}} P(z,t_i) / \prod_{z\in\{a\}} P(z,t_i) \\ &= \sum_{i=1}^{|T|} \prod_{z\in\{x\}} P(z,t_i) \times \prod_{z\in\{a,y\}} P(z,t_i) \\ &= \sum_{i=1}^{|T|} \prod_{z\in\{a,x\}} P(z,t_i) \times \prod_{z\in\{y\}} P(z,t_i)\end{aligned}$$

相应得到 3-项集的期望支持度:

$$\begin{aligned}\text{exsup}(\{a,x,y\}) = \{t_i:\ & \text{exsup}(\{a,x\},t_i) \times p_y(t_i) \mid \{a,x\},\{a,y\} \in D_2 \ 且 \\ & t_i:\ \text{exsup}(\{a,y\},t_i) \in \text{tidlist}(\{a,y\}) \ 且 \\ & t_i: p_x(t_i) \in \text{tidlist}(\{x\})\}\end{aligned}$$

类似地,可以得到$(k+1)$-项集$\{A,x,y\}$的期望支持度(这里 A 是 k-频繁项集且 $k>2$):

$$\begin{aligned}\text{exsup}(\{A,x,y\}) = \{t_i:\ & \text{exsup}(\{A,x\},t_i) \times p_y(t_i) \mid \{A,x\},\{A,y\} \in D_k \ 且 \\ & t_i:\ \text{exsup}(\{A,x\},t_i) \in \text{tidlist}(\{A,x\}) \ 且 \\ & t_i:\ p_y(t_i) \in \text{tidlist}(y)\}\end{aligned}$$

此外,由于概率数据库 D 中的项目按照期望支持度排序,所以可以先用较短项集进行计算以减少计算开销。

4.4 实验结果及分析

本节在概率数据库上分别测试基于 Eclat 框架的概率频繁项集精确挖掘算法(即 UBEclat 算法)和近似挖掘算法(即 NDUEclat 算法)的性能。实验运行环境为:安装 64 位 Windows 7 操作系统的主机一台,处理器为 Intel core(TM) i5-2520M CPU 2.5GHz,

安装内存为 4.00GB RAM。其中一部分实验结果已经在 3.4.2 节展示并进行了实验分析,为避免重复,这里不再赘述。

4.4.1 实验数据集

本章选取真实数据集和人工合成的数据集作为实验数据集,其中大部分实验使用在频繁模式挖掘领域广泛认可的 FIMI[①] 数据集。该数据集可以从 FIMI 提供的网站免费下载。关于实验数据集的详细说明如 3.4.1 节所述。所有的算法用 Microsoft Visual C++ 实现。

4.4.2 正态分布数据集中的性能分析

在这组实验中,用高斯分布发生器生成概率数据库中每个项目的存在概率。实验数据集 Kosarak 设置为低均值(0.5)高方差(0.5)的概率数据集,而数据集 Gazelle 设置为高均值(0.95)低方差(0.05)的概率数据集。

总的来说,Kosarak 和 Gazelle 数据集上的实验显示了相似的结论,并证明了改进算法比以往方法具有更好的性能表现。主要结论如下。

(1) 在给定相同的 min_sup 阈值后,概率频繁项集精确挖掘算法(UApriori 和 UBEclat)找到了相同数目的频繁项集(见图 4.3)。这表明了 UBEclat 算法的有效性。

(2) NDUEclat 算法与精确挖掘算法以及其他概率频繁项集近似挖掘算法的性能比较如图 4.3 所示。显然,UBEclat 和 UApriori 这两种精确挖掘算法找到了所有频繁项集的完整集合,而近似挖掘算法——NDUEclat 算法,即使在最坏情况下,找到的频繁项集数量也占完整频繁项集总数的 78%以上。这证明了 NDUEclat 算法的精确性。

(3) 在内存占用相似的前提下,与其他挖掘算法相比,NDUEclat 算法找到的频繁项集集合中包含的伪正例更少,而且节省了运行时间(见图 4.4 和图 4.5)。与精确挖掘算法相比,实验结果显示近似挖掘算法 NDUEclat 具有更高的挖掘效率。

---

① 网址为 http://fimi.ua.ac.be/data/.

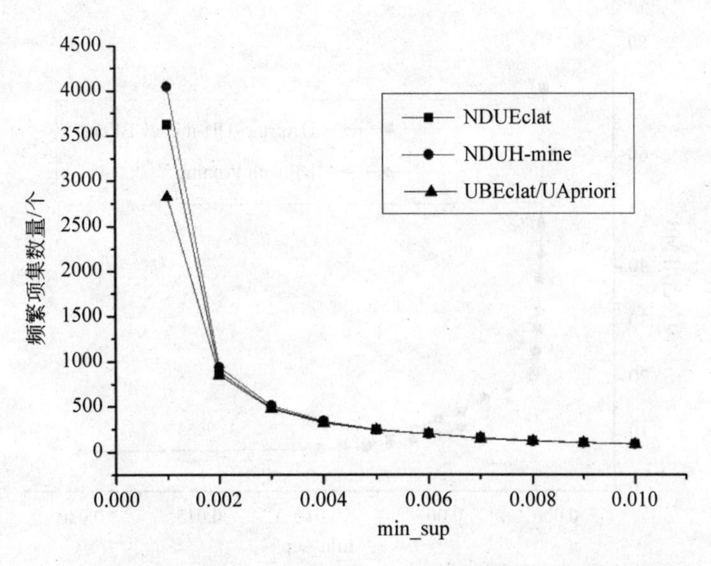

图 4.3　UBEclat 算法 Gazelle 数据集上的性能比较：频繁项集数量

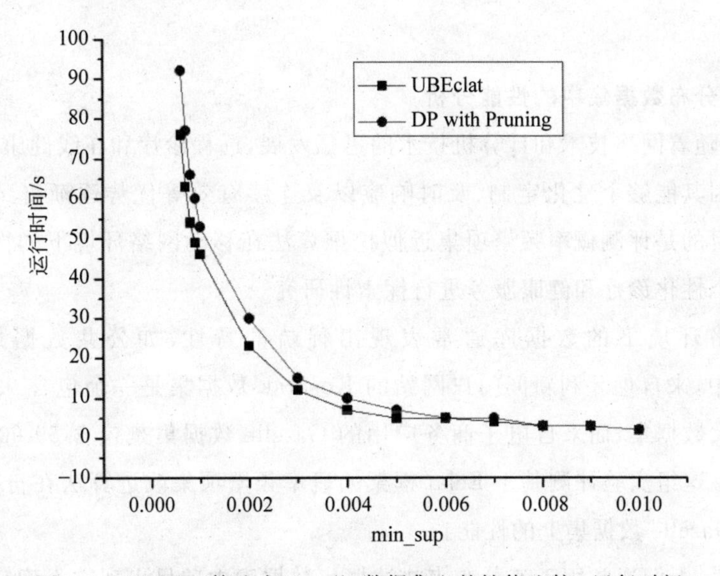

图 4.4　UBEclat 算法在 Gazelle 数据集上的性能比较：运行时间

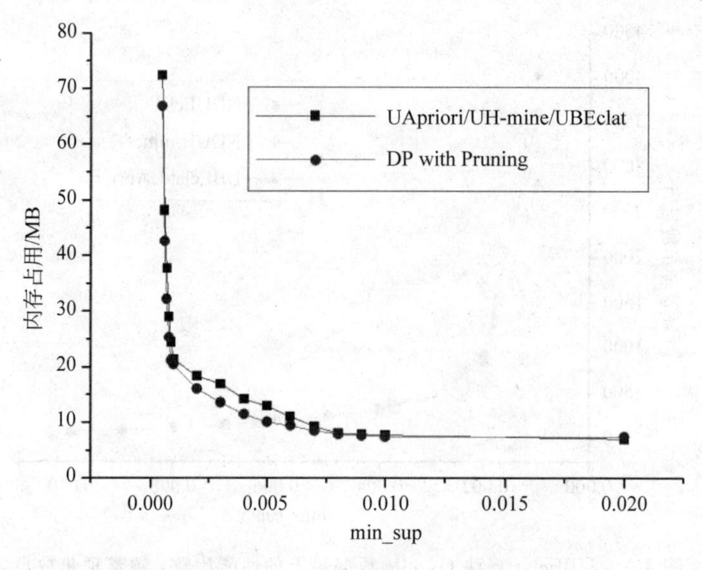

图 4.5 UBEclat 算法在 Gazelle 数据集上的性能比较：内存占用

4.4.3 长尾分布数据集中的性能分析

近年来，随着网络技术和计算机技术的迅猛发展，远程诊疗和在线健康服务等新型医疗服务形式因其能够个性化定制、及时响应以及连续有效等优势逐渐得到人们的认可。这组实验的目的是评测概率频繁项集近似挖掘算法在移动网络环境下的性能，为将来用于在线中医个性化诊疗和健康服务进行探索性研究。

移动网络环境下的数据库通常表现出稀疏的特性，如公共数据集 Kosarak 和 Gazelle。其中，来自匈牙利新闻门户网站的 Kosarak 数据集是一个包含 990 002 条单击流事务的较大数据集，而来自电子商务应用的 Gazelle 数据集是包含 59 602 条单击流事务的数据集。这组实验评测基于 Eclat 框架的概率频繁项集改进算法在符合长尾分布的 Kosarak 和 Gazelle 数据集上的性能。

一般来说，人们通常用正态分布来描述概率数据库中项目出现的不确定性。然而，根据 Rajaraman 等[191]研究发现，自然界中物理现象的发生规律与在线网络世界中各种现象的发生规律存在着明显差异。实际上，在线网络世界中发生的大多数现象符合长尾分布，而不是人们通常认为的正态分布。例如，从网页上下载文件、实现网页跳转的单击流数据以及在线电子商务交易数据都显示出长尾特征。因此，为模拟在线电子商务的真实情景数据，这组实验用Zipf分布描述概率数据库中各项目的存在概率。也就是说，使用概率发生器将符合Zipf分布的概率值导入数据集Kosarak和Gazelle中，作为每个项集的存在概率。

依据Zipf分布固有的性质，与符合正态分布的概率数据集相比，实验数据集表现出更显著的稀疏特性。因此，在给定最小支持度阈值min_sup相同的条件下，NDUEclat算法在符合Zipf分布的概率数据集中找到了较少的频繁项集(见图4.6)。同时，耗费的空间占用也更多(见图4.7)，需要的运行时间也更长(见图4.8)。显然，这是因为在不确定移动网络环境下，符合Zipf分布的概率值为数据集中的项目赋予了大量较小的存在概率，致使数据集显示出了极为稀疏的特性。然而，Kosarak数据集上的挖掘结果(在Gazelle数据集上的实验结果也类似)显示，正态分布下的实验结果与Zipf分布下的情况在运行时间的变化趋势、内存占用的变化趋势这两个方面是基本一致的(见图4.7和图4.8)。也就是说，实施概率频繁项集挖掘任务时，在这两种分布的概率数据库中得到的实验结果并没有表现出本质差别。符合Zipf分布的概率数据集上的实验呈现出运行时间稍长、内存占用略大的现象，这应该归因于Zipf分布给实验环境带来了急剧稀疏化

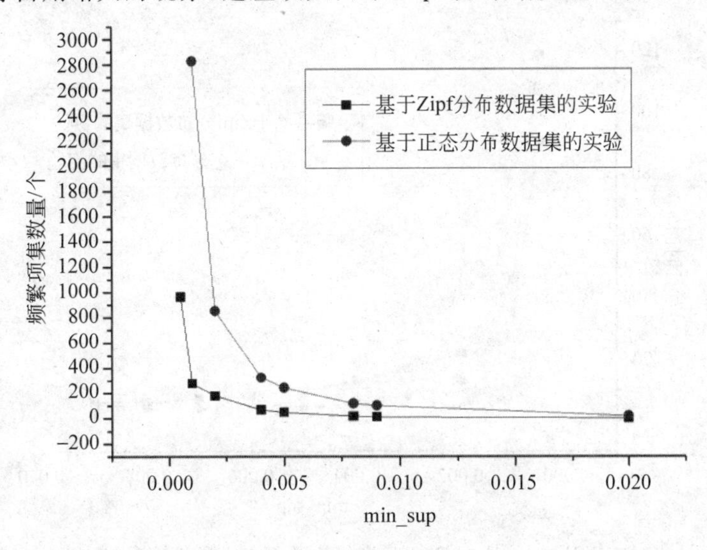

图4.6　NDUEclat算法在Zipf分布数据集上的性能比较：频繁项集数量

的特征。因此,实验结果表明,Zipf 分布并没有对 Eclat 改进算法带来本质的影响,Eclat 改进算法可以用于不确定移动网络环境下,实施有效的概率频繁项集挖掘任务[192]。

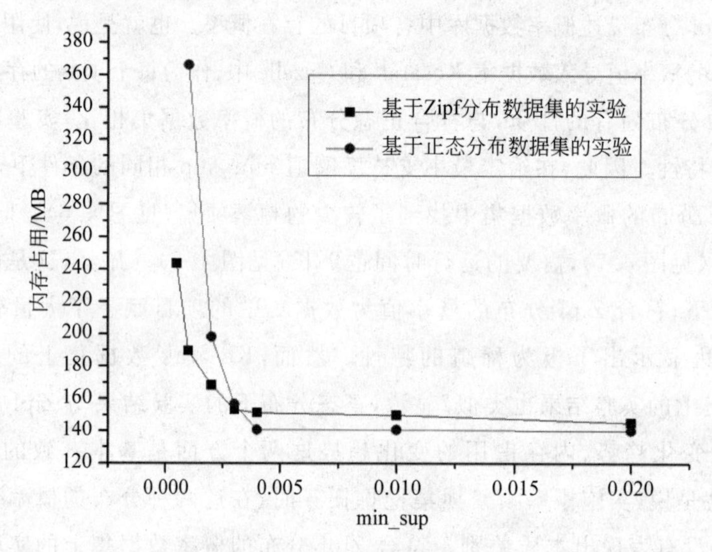

图 4.7 NDUEclat 算法在 Zipf 分布概率数据集上的性能比较:内存占用

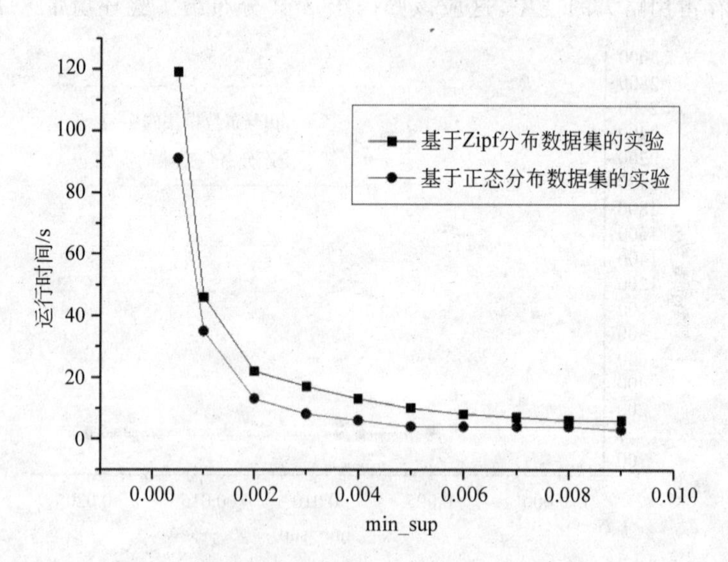

图 4.8 NDUEclat 算法在 Zipf 分布概率数据集上的性能比较:运行时间

4.5 本章小结

本章提出两个基于 Eclat 框架改进的概率频繁项集挖掘算法，分别应用于概率数据库中解决概率频繁项集的精确挖掘问题和近似挖掘问题。首先，本章介绍了概率数据库中频繁项集挖掘的相关概念。在分析概率频繁项集精确挖掘方法的基础上，提出用于精确挖掘概率频繁项集的 UBEclat 算法。然后，考虑到精确挖掘算法的运行效率，本章总结了不确定数据库中频繁项集近似挖掘领域当前的研究成果，详细介绍目前常用于概率数据库的近似挖掘算法，进而提出一个用于概率数据库的不确定频繁项集近似挖掘算法——NDUEclat 算法。该算法的主要特点是：依据概率频度挖掘频繁项集；采用双向排序策略减少挖掘过程中的冗余操作；利用数据库的垂直数据格式划分等价类并分而治之地实现挖掘任务，为解决数据量巨大的频繁项集挖掘问题提供思路。为了检测这两种改进算法的性能，分别在模拟数据集和真实数据集上进行了实验。实验结果证明了这两种改进算法的有效性和准确性。此外，实验结果显示，这两种基于 Eclat 框架的改进算法也适用于不确定移动网络环境下实施有效的概率频繁项集挖掘任务。

在基于概率数据库的不确定频繁项集挖掘研究方面，本章的主要贡献是(如表 4.2 所示)：提出第一个针对垂直数据格式的概率频繁项集精确挖掘算法——UBEclat 算法；提出第一个针对垂直数据格式的概率频繁项集近似挖掘算法——NDUEclat 算法。

表 4.2　本章的贡献/标注[√]

频繁项集	数据库类型	精确挖掘算法	近似挖掘算法
基于期望支持度的频繁项集	水平数据库	UApriori、UH-mine	UFP-growth、CUF-growth
	垂直数据库	UEclat、UV-Eclat、U-VIPER	U-Eclat
基于概率频度的频繁项集	水平数据库	DP、DC	PDUApriori、NDUApriori、NDUH-mine
	垂直数据库	UBEclat[√]	NDUEclat[√]

第5章　基于粗糙集理论的近似频繁模式挖掘

数据的不确定性通常分为两种情况：主观原因引入的数据不确定性和客观原因导致的数据不确定性。对应的分别是概率数据和容错数据。前两章主要针对概率数据库进行不确定频繁项集挖掘方法的研究。重点介绍了基于支持度的双向排序策略，并将该策略嵌入两种基于概率频度的不确定频繁项集挖掘算法，分别用于概率数据库中实施概率频繁项集的精确挖掘和近似挖掘任务。本章研究面向容错数据的近似频繁模式挖掘方法。5.1节首先介绍容错数据库中的频繁模式挖掘理论以及粗糙集理论在容错数据挖掘中的应用，5.2节提出面向容错数据的近似频繁模式挖掘方法，5.3节介绍该方法在模拟数据集上的实验情况和在传统中医药数据集上的应用，5.4节对本章进行总结。

5.1　容错数据中的频繁模式挖掘理论

5.1.1　容错数据模型

实际应用中，许多源数据本身已经包含错误和不确定性，由于研究人员无法具体识别哪些数据是错误的，致使后续的分析处理操作只能在包含错误的数据中进行。在频繁模式挖掘领域，这样的数据被称为容错数据。容错数据通常使用二进制矩阵的形式来描述(如表5.1所示)。其中，1表示该事务中包含当前项目，而0则意味着当前项目并没有出现在指定事务中。这一项目值的缺失可能是由于随机噪声等不确定因素造成的，也可能该缺失值正是反映了实际应用的真实数据分布[193]。

目前，针对容错数据的频繁模式挖掘研究通常称为近似频繁模式挖掘或容错频繁模式挖掘。

5.1.2　容错数据的挑战

数据挖掘的目的是发现数据中隐藏的新颖的具有实际应用价值的知识，然而，现有的传统挖掘算法在处理大量的不精确数据时存在着明显缺陷。庆幸的是,近似频繁模式挖掘方法为解决这一问题提供了新的思路。本章主要关注近似频繁模式挖掘方法用于处理容错数据时面临的挖掘效率低下,挖掘结果无法直接贡献于实际应用等问题。

当前,现实应用中采集到的数据大多是不完美的,数据的不完美特征表现为不完整性、不一致性、不确定性等形式,这影响了挖掘效率的提高,损害了挖掘结果的可靠性及可用性。具体表现如下。

1. 大数据量的影响

几乎所有算法的运行效率在时间、空间占用上对数据量都是敏感的,同样,数据挖掘技术的实现效率与待处理的数据量也存在着密切关系。随着信息技术的迅猛发展,需要处理的数据量日益庞大,面对这一新的挑战,新兴技术不断涌现[194]。例如,候选项消除算法使用启发式方法合并同一个等价类中的属性,获得可能的长频繁模式,然后在精简后的搜索空间执行挖掘任务,从而提高了挖掘效率。

2. 噪声数据的影响

在数据收集或数据传输阶段,经常会引入非系统性错误,通常称之为噪声数据。不幸的是,目前还没有有效的方法能消除或避免这些噪声[195]。当前的研究要求,数据挖掘过程中使用的数据模型在面对噪声数据时应该是不敏感的[196]。因为一旦事务数据库中的数据受到噪声干扰,存在的噪声扰动会导致现存的挖掘方法很难获得有实际应用价值的频繁模式。

表 5.1　容错数据集的二进制表示方式

事务	项目					
	A	B	C	D	E	F
T_1	1	1	0	1	1	1
T_2	1	0	1	1	0	1
T_3	1	1	1	1	1	0
T_4	1	1	1	1	1	1
T_5	0	1	1	0	1	1
T_6	1	1	0	1	1	1

续表

事务	项目					
	A	B	C	D	E	F
T_7	1	1	1	1	0	1
T_8	1	0	1	1	1	0

3. 数据丢失的影响

受客观条件限制，数据库中的部分数据，特别是非主要属性，可能存在遗失现象。一个遗失的数据可能表现为数值不为人们所知，这时人们会依据一定的规则用最接近的数值(如均值、中位数等)来替代未知数据[197]，这也许会引入新的噪声；一个遗失的属性或许表现为其数值不符合实际情况，这时人们会丢弃这条记录，从而不可避免地造成信息丢失[198]。在容错数据挖掘中，要求设计的挖掘算法在处理遗失数据时应该不能过于敏感。

4. 不完整的数据

在实际应用中，收集到的数据往往是不完整的和不精确的。因此，建立的数据模型应该能够处理这些近似概念，并以一定的可信度提供解决方案。目前，处理这些问题时一个可行的办法是使用粗糙集理论中的上近似和下近似概念[199]，因为这组概念反映了一个有限全集中不同分区的相互关系。

5. 冗余数据的影响

与不完整数据相比，待考虑的数据集也可能包含冗余的或意义不明显的属性值。例如，在网上购物或线下实体店中，不同顾客购买了相同的商品应该是普遍现象。所以，在数据挖掘领域，根据实际问题的需要，可以对非关键属性进行剪枝，以消除这些冗余数据。

为了解决上面列举的数据不完美特性，本章提出一种基于粗糙集理论的近似频繁模式挖掘模型。首先，将容错数据库转换为不确定事务信息系统，依据上近似和下近似概念描述并构建粗糙数据集合的边界区域，然后将挖掘近似频繁模式的过程刻画为决策生成器。同时，使用属性约简技术删除冗余属性或不完整的非关键属性。最后，基于格理论和等价类概念，采用分而治之的方法近似挖掘容错频繁模式。

5.1.3 粗糙集理论及相关概念

本节主要介绍粗糙集理论应用于数据挖掘和知识发现领域时涉及的重要概念和核心思想。

信息系统　一个信息系统可以表示为一个组对(U,A),其中,U是对象的有限非空集合,而A是属性的有限非空集合。

“信息系统”这一术语提供了一种用属性集合描述对象的便捷形式。当信息系统中某些属性的真实取值不可得时,可以基于粗糙集理论将这些不精确的属性值补充完整。其方法是:首先构建一个不确定信息系统,然后利用下近似和上近似概念将不确定信息系统中隐藏的知识表示为决策规则的形式。显然,这种便捷的粗糙集理论模型是建立在不可分辨关系之上的。

不可分辨关系　在一个信息系统$D=(U,A)$中,令B为属性集合A的非空子集。给定$\forall a\in B, x_i, x_j\in U$,如果$a(x_i)=a(x_j)$,那么$x_i$和$x_j$具有不可分辨关系。可表示为

$$R_B = \{(x_i, x_j) \in U \times U: a(x_i) = a(x_j), a \in B\} \tag{5.1}$$

等价类　不可分辨关系R_B也是一个等价关系。U的全集可以划分为多个不相交的等价类,表示为U/B,即U在属性集B上的分区。这样,包含对象x_i的等价类表示为$[x_i]_B$,即$[x_i]_B=\{x_j\in U: (x_i,x_j)\in R_B\}$。等价类$R_B$称为属性集$B$的基集。

对于任意集合$X\subseteq U$,若要准确描述出X一定属于哪个等价类显然是不科学的。因此,人们在不可分辨关系的基础上引入下近似和上近似的概念来描述集合X的特征。

下近似和上近似　给定任意集合$X\subseteq U$,X的下近似是由确定属于X的对象组成的集合,表示为$\underline{B}(X)$。X的上近似是由可能属于X的对象组成的集合,表示为$\overline{B}(X)$。

$$\underline{B}(X) = \{x_i \in U: [x_i]_B \subseteq X\} \tag{5.2}$$

$$\overline{B}(X) = \{x_i \in U: [x_i]_B \cap X \neq \varphi\} \tag{5.3}$$

5.1.4 粗糙集理论在数据挖掘中的应用

1991年,Pawlak等[200]提出的粗糙集理论成为国内外研究领域的一个学术热点。作为不确定数据环境下对概念近似的一种方法,粗糙集理论引起了科研工作者的广泛关注

并实际应用于各个领域[201]，如数据挖掘领域的分类、聚类和关联分析等。

1. 粗糙集理论用于分类不精确或不完整的数据

在分类研究方面，粗糙集理论主要用于特征约简[202]和有监督学习[203,204]。为了解决大数据集中执行算法的时间、空间复杂度过高以及扩展性差等问题，Nguyen 提出基于粗糙集理论的分类方法[205]。该方法依据懒惰学习思想和 Apriori 算法，构建一个自适应的规则产生系统，用于解决增量数据环境下的分类问题。

2. 粗糙集理论在聚类中的应用

聚类技术是解决事务集合中各研究对象间是否“相似”这一近似概念的有效方法。目前有效的聚类方法不断涌现，但是大部分算法并没有区分遗失属性值对聚类结果的影响，从而导致聚类质量低下，限制了聚类技术在实际应用中的适用性。因此，科研工作者提出基于粗糙集理论的聚类算法，用于分析处理模糊数据或不确定数据的聚类问题[206]。Li 等[207]提出了基于聚类的遗失数据插补方法。合并模糊集理论和粗糙集理论的 K-means 算法使得聚类过程对非精确数据和不确定数据更具健壮性。应用改进后的模糊粗糙聚类算法处理不完整数据的实验结果表明，在四种 K-means 算法的比较中，改进算法取得了最佳性能。此外，为了处理聚类中的不确定性问题，Herawan 等[208]提出了最大依赖属性(Maximum Dependency Attributes)技术解决实际应用中聚类方法的选择问题。该技术的核心是基于粗糙集理论，结合数据库中各属性间的独立性综合考量，确定合适的聚类算法。Polkowski 等[209]综述了前人在聚类研究方面基于粗糙集理论的数据分析成果。显然，作为一种符号化的数据分析工具，粗糙集理论模型已经发展成为可行的聚类分析系统的重要组成部分。

3. 粗糙集理论在关联分析中的应用

在数据库中搜索有代表性的关联规则问题可以转化为在属性子集形成的格中进行关联规则搜索问题[210,211]。目前主要有两种搜索策略：自底向上的搜索和自顶向下的搜索。自顶向下的方法从整个描述子集合开始，依次向下扫描各个格，在每一个格约简冗余子集的同时保留有意义的子集用于生成新的候选项集。然而，这一处理过程是一个 NP-hard 问题，计算量极大。

基于粗糙集理论的方法一般遵循自底向上的处理策略。首先从描述子的空集开始，依次向上产生候选项集。Liu 和 Poon[212] 描述了生成决策表的贪婪启发式算法的改进版本。其解决的主要问题是有效计算描述子在分辨矩阵中出现的次数，同时指出该出现次数等于描述子所在列中 0 的个数。

4. 粗糙集理论在序列模式挖掘中的应用

近年来，粗糙集理论也逐渐出现在序列模式挖掘应用领域。Bisaria 等[213] 将粗糙集理论中的不可分辨关系应用于搜索空间分区问题，提出的粗糙集分区算法允许在执行挖掘任务之前创建模式并调整时间约束。与传统的序列模式挖掘算法 GSP 相比，新算法在时间开销上至少提高了 10 倍。此外，在包含错误数据的序列集合中，有价值的模式通常隐藏在噪声数据中，造成某些重要模式部分或完全不可见。为了解决这一难题，Kaneiwa 和 Kudo[214] 提出一种基于粗糙集的替代算法。首先将序列集合转换成序列信息系统，然后在序列信息系统中利用决策类的不可分辨关系创建针对决策规则的评鉴准则，进而发现所有可能的序列模式。

尽管容错数据中的不确定特性与上述系统中的非精确数据特征极为相似，然而，在当前的文献资料中，还没有发现基于粗糙集理论的近似频繁模式挖掘算法。

5.2　面向容错数据的近似频繁模式挖掘

粗糙集理论是一种有效的数据分析方法，尤其适用于分析不精确的、含糊的或者不确定的数据。在粗糙集理论中，不精确概念可以用一对明确的集合区间——下近似和上近似来描述，从而构建出粗糙数据集合的边界区域。这样，发现近似频繁模式的过程就可以刻画为决策生成器，通过比较下近似与上近似之间的差异，进而确定粗糙概念应该归属到哪个区域。而且，使用粗糙集理论中的属性约简技术，还可以将数据库中相关属性进一步约简，从而删除冗余属性或不完整的非关键属性。最后，基于格理论和等价类概念，可以将大数据量问题用分而治之的方法解决。

5.2.1　事务信息系统构建阶段

实际上，一个事务数据库与一个事务信息系统是密切关联的，其中事务的集合可以看作信息系统中对象的集合,每个事务包含的项目集合对应信息系统中的属性集合。对于含有非二进制域的属性,每个属性可以看作一个项目。这样,由多个项目组成一条事务,由大量事务构成的事务数据库就可以转换为信息系统,其中不同的属性描述特定对象,整个信息系统就是多个对象的集合。

事务信息系统 事务信息系统是一个信息系统 $T=(U,A)$,其中,全集 U 是事务的集合,A 是项目的有限集合。

一般来说,一个不精确的事务数据库可以表示为一个二维关系,然后构建为信息系统的形式。原始数据库中的每个项目转换成一个精确的二进制值,对应信息系统中一个属性的存在情况。因此,每个属性的取值或者为1,或者为0,表示此项目是否出现在指定事务中。属性值为1意味着此项目出现在指定事务中,而取值为0表示此项目在指定事务中并未出现。实际上,造成属性值为0的原因是多种多样的,例如随机噪声、数据不完整、数据不一致等,当然,也可能某些0值的确反映了实际应用中数据分布的真实情况。

例 5.1 表5.2是由原始数据得到的关系表,描述项目间的相互关系。该关系表中每行代表一个元组,第 i 个元组用 U_i 表示;每列表示一个属性,分别标记为 $A_1,A_2,\cdots,A_n$。对于给定的元组 U_i,有 $U_i=(a_{i_1},a_{i_2},\cdots,a_{i_n})$。这一关系表可以转换成事务数据库 $T=(U,A)$(见表5.3),其中,全集 U 是事务$(U_1,U_2,\cdots,U_m)$组成的集合,有限集 A 是项目 $A_1,A_2,\cdots,A_n$ 集合。

表 5.2 事务数据库中源数据对应的关系表

	A_1	A_2	…	A_j	…	A_n
U_1	a_{11}	a_{12}	…	a_{1j}	…	a_{1n}
U_2	a_{21}	a_{22}	…	a_{2j}	…	a_{2n}
…	…	…	…	…	…	…
U_i	a_{i1}	a_{i2}	…	a_{ij}	…	a_{in}
…	…	…	…	…	…	…
U_m	a_{m1}	a_{m2}	…	a_{mj}	…	a_{mn}

表 5.3　关系数据表对应为事务信息系统后用二进制位图表示

	A_1	A_2	A_3	A_4
U_1	1	1	1	0
U_2	1	0	0	0
U_3	1	1	1	1
U_4	0	0	1	1
U_5	1	1	0	0
U_6	1	0	1	1
U_7	0	1	1	1

5.2.2　等价类生成阶段

将待考虑的数据库描述为一个决策表，进而可以应用粗糙集理论有效地处理不确定数据，发现数据间的独立性。决策表中包含数据全集，即不仅是条件属性，还应包括决策属性。通常一个决策表中仅包含一个决策属性。决策值相同的所有对象的集合称为一个类。为了得到必需的决策属性，需要首次扫描数据库并将项目集合中的元素分成三类：频繁项目、近似频繁项目和非频繁项目。

这里结合经典的 Eclat 算法[26] 和传统的近似频繁模式挖掘算法[215] 挖掘所有的频繁项目和近似频繁项目，进而产生更长候选项集，同时丢弃非频繁项目，因为这些非频繁项目不可能出现在更长频繁项集中。也就是说，根据频繁项集支持度的定义，可以准确无误地找到所有频繁项目，然后针对没有通过 min_sup 检查的项目进行下一步处理。通过检验近似频繁项集概念中两个准则的要求，使用较为宽松的匹配准则，能够发现所有的近似频繁项目。接着根据 Apriori 先验性质对非频繁项目剪枝。

对于保留下来的频繁项目和近似频繁项目，使用类 Eclat 算法中的方式构建等价类。假设待考虑的项目是按照字母序排列的，先将项集集合包含的频繁项目划分为不同的等价类。接下来在第二次扫描数据库之后，根据它们拥有的共同前缀产生候选项集。也就是说，对于在第一次数据库扫描后(标记为 L_1)发现的频繁项目 x，其对应的等价类$[x]$由其自身和频繁项目集合中的各个元素进行连接操作生成，即 $C_2=X=A[1]B[1]$，这里 $A[1]=x$，且 $B[1]$是在 L_1 阶段发现的另一个频繁项目。类似地，在第 L_{k-1} 次连接操作后，得到了含有 k 个项目的等价类$[x]$元素，表示为：$C_k=X=A[1]A[2]\cdots A[k-1]B[k-1]$。对所有的 $A,B\in L_{k-1}$，有 $A[1:k-2]=B[1:k-2]$，并且 $A[k-1]<B[k-1]$，这里 $X[i]$是指第 i 个项目，$X[i:j]$是指项集 X 中从索引 i 到索引 j 的项目集合，即

$$[x]=\{A[k]\in C_k,\quad b[k-1]\in L_1\mid a[1]=b[1]=\{x\},\quad A[1:k-2]=B[1:k-2]\}$$

例 5.2 构成等价类$[a]$的元素有$[a]=\{ab,ac,ad,ae,abc,abd,abcd\}$。然而，项集$\{a,b,e\}$是不频繁的，事先已被删除，所以项集$\{a,b,e\}$不属于等价类$[a]$。频繁项集$\{b,c\}$、$\{b,d\}$和$\{b,c,d\}$也没有出现在等价类$[a]$中，这是因为它们未包含频繁项目$\{a\}$作为共同前缀，显然，它们是等价类$[b]$中的元素(见图 5.1)。

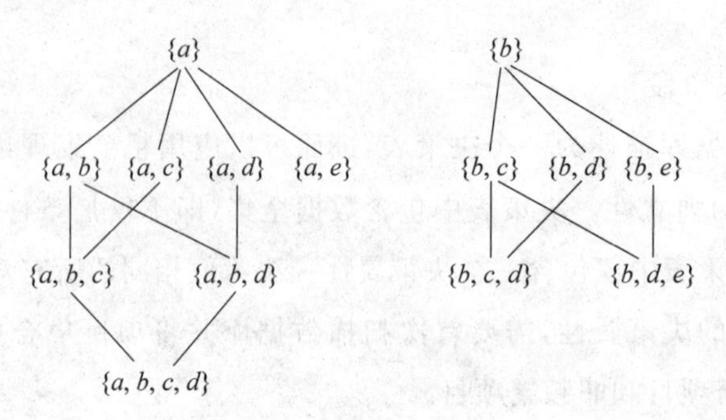

图 5.1　等价类$[a]$和$[b]$

这样，依据连接操作中发现的频繁项集，待考虑的数据库可以分区为不同的等价类。也就是说，等价类分区操作将候选项集划分为互不相交的集合，进而实现挖掘过程的并行化，最终解决大数据挖掘中的内存占用问题。

5.2.3　下近似和上近似的定义

目前的实际应用中，需要处理的容错数据库通常分为两种：一种是数据库中包含固定个数的错误数据；另一种是数据库中包含着一定比例的错误数据。在第一种情况下，随着数据量的增加，数据库中存在的错误数据个数固定不变，因而针对此类数据库的近似频繁模式挖掘算法中，Apriori 先验性质依然成立。而在第二种情况下，随着数据量的增加，

数据库中出现的错误数据个数按照一定的比例递增，Apriori 先验性质不再成立。这时近似频繁模式挖掘算法面临的最大挑战是：由于整个挖掘过程不再遵循，Apriori 先验性质，容易带来针对支持度的“计数爆炸”问题，并导致计算量的 NP-hard 问题。Poernomo 和 Gopalkrishnan[21] 提出在迭代计算中将数据错误进行整数化宽松的近似挖掘方法，也就是说，待考虑的数据库中若存在着按照一定比例丢失数据的现象，可以将丢失的数据近似化为固定个数的数据丢失，这样仍然近似满足 Apriori 先验性质，那么就可以使用传统的容错频繁模式挖掘算法替代近似频繁模式挖掘算法处理存在成比例数据错误的数据库。另外，Liu 和 Poon[212] 建议使用剪枝策略进一步加速近似频繁模式挖掘过程，并提出一种贪婪启发式算法。

受益于前人的工作，可以尝试一种新的近似挖掘算法，其主要思路如下：基于粗糙集理论，定义频繁项集的下近似和上近似，从而将容错数据库中成比例的数据错误简化为最接近实际情况的固定个数的数据错误，并且在挖掘过程中借助近似精确度来界定可以接受的伪正例和/或伪反例频繁项集，在此基础上依据 Apriori 先验性质，使用传统的容错频繁模式挖掘算法发现所有的近似频繁模式。

定义 5.1（下近似）　给定容错阈值 ε_r 和 ε_c，其中 ε_r 是每行允许的错误数据比率，ε_c 是每列允许的错误数据比率。在一个事务信息系统 $T=(U,A)$ 中，对于近似频繁项集 $X\subset A$，项集 X 的下近似定义为确定属于 X 的项目的集合，这也是支持度计数的最佳下界，表示为 $\underline{B}(X)$，有

$$\begin{cases}\underline{B}(X)=\{x_i\in U:[x_i]_B\subseteq X\}\\ \forall\, i\in U,\quad \sum\limits_{j\in A}T(i,j)\geqslant\lceil(1-\varepsilon_r)\mid A\mid\rceil\\ \forall\, j\in A,\sum\limits_{i\in U}T(i,j)\geqslant\lceil(1-\varepsilon_c)\mid U\mid\rceil\end{cases}\tag{5.4}$$

定义 5.2（上近似）　给定容错阈值 ε_r 和 ε_c，其中 ε_r 是每行允许的错误数据比率，ε_c 是每列允许的错误数据比率。在一个事务信息系统 $T=(U,A)$ 中，对于近似频繁项集 $X\subset A$，项集 X 的上近似定义为可能属于 X 的项目的集合，这也是支持度计数的最佳上界，表示为 $\overline{B}(X)$，有

$$\begin{cases} \overline{B}(X) = \{x_i \in U : [x_i]_B \cap X \neq \varnothing\} \\ \forall i \in U, \quad \sum_{j \in A} T(i,j) \geqslant \lfloor (1-\varepsilon_r) \mid A \mid \rfloor \\ \forall j \in A, \quad \sum_{i \in U} T(i,j) \geqslant \lfloor (1-\varepsilon_c) \mid U \mid \rfloor \end{cases} \tag{5.5}$$

显然,此模块的作用是为近似频繁模式挖掘界定搜索空间的范围。给定项集 X,它的下近似必须不能低估其自身和相应超集的支持度,而上近似也不能高估其自身和相应超集的支持度。通过项集 X 的下近似和上近似概念将容错数据库中的错误数据个数整数化,使得该模块中的数据处理过程符合 Apriori 先验性质。这样,在处理成比例数据错误的容错数据库时,就可以使用传统的容错频繁模式挖掘算法实现有效的近似频繁模式挖掘任务。

5.2.4 近似频繁模式挖掘阶段

经过以上步骤,分别在不同的等价类上构建了项集的格。本节使用分而治之的方法遍历每一个格以确定近似频繁项集。

对于每一个等价类上的操作,一个重要问题是如何合并类内元素从而产生更长候选项集。优化方法是将同一类的项集按照支持度升序排列。首先从支持度最低的元素开始,将此元素与支持度升序列表中的下一个元素进行连接操作。这是依据支持度性质(见3.1.2节):项集的支持度计数越大,该项集构成更长候选项集的概率也越大。

接着,采用自底向上的方式搜索每一个格空间,产生候选项集,从而界定近似频繁项集的范围。一方面,从近似频繁项目集合中的单个项目开始,将它与更多项目做连接操作生成更长频繁项集,直至产生非频繁项集才停止项集扩展过程。因此,仍然要求在满足项目限制准则 ε_r 的前提下产生候选项集。也就是说,每次对 k-项集实施连接操作,并产生 $(k+1)$-项集。例如,等价类$[a]$中所有的元素依次进行连接操作以产生频繁 2-项集,然后等价类$[ab]$与$\{c,d\}$,等价类$[ac]$与$\{d,e,f\}$,等价类$[ad]$与$\{e,f\}$中的元素分别做连接操作。更进一步,将产生的频繁等价类$[acd]$再次与$\{e, f\}$中的元素做连接操作,直至无法产生更长频繁项集为止。另一方面,从一个项目集合 Y 开始,按照丢失项目个数递增的顺序,依次增加能够支持 Y 中项目元素的事务个数,直至在不违背项目约束准则 ε_c 的前提下，无法再增加事务个数为止。这一步骤的主要目的是在保证 ε_c 和 ε_r 这两个约束准则的前提下，完成对每个候选项集的近似支持度计数，进而发现近似频繁项集。

参考 Cheng 等[215]的思路，将分而治之方法的具体实现步骤详细描述如下。

步骤1　$k=1$。给定最小支持度阈值 min_sup、容错阈值 ε_c 和 ε_r，首次扫描原始数据库，计算每个项目的近似支持度，使用5.2.3节的式(5.4)和式(5.5)识别原始数据库中项目的类型，划分真频繁项集、近似频繁项集和非频繁项集，分别标注作为后续决策表的决策属性。当然，这样做的前提和依据是原始事务数据库可以视为一个事务决策表。

步骤2　$k=2$ 直至 $k=m$。最小近似支持度由阈值 min_sup 和 ε_c 共同确定，即

$$\text{sup}_{appr-c} = \text{min\_sup} - \varepsilon_c \mid U \mid \tag{5.6}$$

而支持度的下近似和上近似分别为

$$\underline{\text{sup}_{appr-c}} = \text{min\_sup} - \lceil \varepsilon_c \mid U \mid \rceil \tag{5.7}$$

$$\overline{sup_{appr-c}} = \text{min\_sup} - \lfloor \varepsilon_c \mid U \mid \rfloor \tag{5.8}$$

然后，候选 k-项集的近似支持度可以针对存在共同前缀的两个长度为 $k-1$ 的真频繁项集或近似频繁项集实施交操作计算得到。支持度低于 $\underline{\text{sup}_{appr-c}}$ 的项集属于非频繁项集而被剪枝，支持度高于 $\overline{\text{sup}_{appr-c}}$ 的项集被看作真频繁项集，支持度介于 $\underline{\text{sup}_{appr-c}}$ 和 $\overline{\text{sup}_{appr-c}}$ 之间的项集按照递增的顺序依次添加可能丢失的项目。

步骤3　按照丢失项目个数递增的顺序，以一定规则依次向近似频繁项集中增加可能遗失的项目，每个近似频繁项集中可添加的项目个数必须满足 ε_r 约束，即介于 $\lfloor \varepsilon_r |A| \rfloor$ 和 $\lceil \varepsilon_r |A| \rceil$ 之间。由于添加的可能遗失项目应该同时满足 ε_r 和 ε_c 约束，一般情况下，首先从频繁项目集合中挑选可能构成更长近似频繁项集的项目。因此，若某 k-项集中一个项目的支持度低于 $\underline{\text{sup}_{appr-c}}$，则该项目不会出现在任何更长的频繁项集中。在生成更长候选项集时，包含该项目的 k-项集会被剪枝。这样，借鉴 Zaki 文献中的方法，尽可能恢复所有遗失的项目。

步骤4　重复步骤2和步骤3，直至依据 min_sup 阈值以及 ε_c、ε_r 约束，无法再对当前项集进一步扩展时，就找到了所有的近似频繁项集。

5.2.5 精确度和覆盖度的定义

经过5.2.1节的转换操作，依据原始事务集合和项目集合构成的容错数据库得到了一个事务信息系统 $T=(U,A)$，进而向信息系统 T 中添加决策属性 d 构建一个事务决策表 $T'=(U,A\cup\{d\})$。然后基于该决策表生成决策规则，形式如下

$$(a_1=n_1)\wedge(a_2=n_2)\wedge\cdots\wedge(a_{|A_i|}=n_{|A_i|})\Rightarrow(d=v) \tag{5.9}$$

这里，a_i 表示第 i 个事务对应的项集 A_i 的子集，而每个 n_i 标志着在满足容错阈值 ε_r 和 ε_c 的前提下，项集 a_i 的支持度是否大于阈值 min_sup，所以 n_i 的取值为非负整数0或1。

例5.3 给定阈值 min_sup=3 且 $\varepsilon_r=\varepsilon_c=3$。项集 $\{c,b,a\}$ 产生如下事务决策表：$(\{c,a\}=1)\wedge(\{c,b\}=1)\wedge(\{a,b\}=1)\Rightarrow(d=1)$。

该决策规则的含义如下。3-项集 $\{c,b,a\}$ 包含3个有可能成为频繁项集的2-项集子集，即 $\{c,a\}$，$\{c,b\}$，$\{b,a\}$，因为项集 $\{c,b,a\}$ 允许支持度的最大宽松尺度为 $\lceil\varepsilon_r|A|\rceil=1$。也就是说，尽管项目 a(b 或 c)在数据库中是否以足够的支持度真实存在是不确定的，但是项集 $\{c,b,a\}$ 也有可能是近似频繁的。这样，基于容错阈值 ε_r 和 ε_c，对最小支持度阈值 min_sup 的要求更加宽松，所以项集 $\{c,b,a\}$ 的支持度计数值也就更有可能达到近似频繁的要求，支持该项集的事务元组中相应的决策属性也被设置为1。另外，如果对支持度计数的要求更严格的话，这里需要考虑允许支持度的最小宽松尺度为 $\lfloor\varepsilon_r|A|\rfloor=0$。那么，在判断3-项集 $\{c,b,a\}$ 是否频繁的过程中，就不必考虑项集 $\{c,b,a\}$ 的3个2-项集子集。

为了更精确地发现可能的近似频繁项集，这里为事务决策规则定义了两个评价指标，目的是在对 k-项集进行分类处理时，用于判断是否需要考虑事务信息系统中所有的 $(k-1)$-项集。

定义5.3(子集的支持度) 给定项集 a，在事务信息系统 $T=(U,A)$ 中，U 是事务的集合，A 是项目的集合。考虑事务集合支持的所有项集对应的子集，其支持度为

$$\sup(a,A)=\sum_{t\in U,a\in A}t(a) \tag{5.10}$$

这里可以令 φ 表示事务决策表 $T'=(U,A\cup\{d\})$ 中的式子 $(a_1=n_1)\wedge(a_2=n_2)\wedge\cdots\wedge(a_{|A_i|}=n_{|A_i|})$。当条件 $\varphi_{T'}\subseteq(d=d_i)$ 且 $a\in U_i$ 满足的前提下，T' 中的决策规则 $\varphi\rightarrow$

$(d=d_i)$取值为真。下面定义决策规则 $r:\varphi\to(d=d_i)$的准确率和覆盖率。

定义 5.4(基于支持度的准确率)　令 d_i 为决策属性 d 中的一个决策类，r 是事务决策表 T'中的一个决策规则。决策规则 $r:\varphi\to(d=d_i)$基于支持度的准确率定义为

$$\text{sup\_accuracy}(T',r,d_i)=\frac{\sup(d_i\cap\varphi_{T'},A_\varphi)}{\sup(\varphi_{T'},A_\varphi)} \tag{5.11}$$

定义 5.5(基于支持度的覆盖率)　令 d_i 为决策属性 d 中的一个决策类，r 是事务决策表 T'中的一个决策规则。决策规则 $r:\varphi\to(d=d_i)$基于支持度的覆盖率定义为

$$\text{sup\_coverage}(T',r,d_i)=\frac{\sup(d_i\cap\varphi_{T'},A_\varphi)}{\sup(d_i,A_\varphi)} \tag{5.12}$$

这里，$A_\varphi=\{a\in A\mid a_i=n_i \text{ 且 } 1\leqslant i\leqslant|A|\}$。

在这两个评估参数中，$\varphi_{T'}$是事务全集 $U=U_1\cup U_2\cup\cdots\cup U_{|V_d|}$ 中满足决策规则 r 中条件 φ 的所有事务，$\sup(d_i\cap\varphi_{T'},A_\varphi)$是决策类 d_i 中满足条件 φ 的事务数目。这样，在近似频繁模式挖掘过程中，可以依据函数 $\sup(a,T')$，使用基于支持度的准确率和覆盖率删除无意义的决策规则。

5.3　实验结果及分析

为了评价上述基于粗糙集理论的近似挖掘方法的性能，本节设计实验测试新模型在模拟数据集和真实数据集上的行为。实验运行环境为：安装 64 位 Windows 7 操作系统的主机一台，处理器为 Intel core(TM) i5-2520M CPU 2.5GHz，安装内存为 4.00GB RAM。所有算法用 Java 编程实现。

5.3.1　模拟数据集上的性能分析

模拟数据集的生成一般会参考实际数据集的特点，如随机噪声、数据错误以及数据冗余等。这里主要展示存在随机噪声时容错数据库中的实验结果。

在不含任何数据错误的基础模拟数据集 B 上建立实验数据集，过程如下：首先以概率 p 对事务元组的属性值取反达到引入随机错误的目的，然后改变概率 p 的取值，从而产生基于基础模拟数据集、不同含噪版本的容错数据集，表示为 D_p。下面开始数据集上的

性能评测：首先使用确定频繁模式挖掘算法针对实验数据集 D_p 实施挖掘过程，得到确定频繁模式，作为基础事实，记为 F_{true}；然后应用不同的近似频繁模式挖掘算法针对容错数据集 D 实施挖掘过程，得到近似频繁模式，记为 F_{apr}；最后使用准确率和覆盖率作为评价指标，比较不同挖掘方法在实验数据集上的性能质量。

表 5.4 显示了不同频繁模式挖掘算法的实验结果比较，包括传统的近似频繁项集挖掘算法 AFI、近似闭频繁模式挖掘算法 AC-close 和 RST-based AFI 方法。基础模拟数据集为使用 IBM Almaden Quest 研究小组的数据生成器产生的模拟数据集 T40I10D100K，其中包含 100K 的事务，943 个项目，每个事务中项目的平均长度为 40.61。显然，在噪声概率 $p=0.05$、容错阈值 $\varepsilon_r=\varepsilon_c=0.2$ 的情况下，AFI 和 RST-based AFI 得到了相似的覆盖率，而 RST-based AFI 在准确率指标上获得了更好的效果。这表明，尽管实验数据集中包含不确定数据，新方法仍然能够有效地发现近似频繁模式。

表 5.4　AFI 算法和 RST-based AFI 方法的性能比较($p=0.05$，$\varepsilon_r=\varepsilon_c=0.2$)

min_sup/%	准确率/%		覆盖率/%	
	AFI	RST-based AFI	AFI	RST-based AFI
0.5	72.46	77.83	56.27	56.11
1.0	73.12	73.12	61.03	61.34
1.5	81.71	81.71	66.56	65.33
2.0	91.54	91.54	70.94	71.02

当噪声概率逐步提高后(见表 5.5)，这两种 AFI 算法找到近似频繁模式的能力都大幅下降。因此，评价指标准确率和覆盖率的值也急剧降低。不难理解，采用 RST-based AFI 方法与运行传统 AFI 算法得到的两个覆盖率取值非常相似。这一结论也与噪声概率 $p=0.05$ 的情况(见表 5.4)相符。然而，新方法在评价指标准确率上获得了更好的性能质量，尽管这一优势并不是异常显著。实际上，RST-based AFI 方法更适合用于关键项目不存在严重错误的容错数据库中。而这里为了遵循真实数据的特点，生成的模拟数据集中针对所有项目均匀地引入随机错误，所以 RST-based AFI 方法也没有充分展示其性能优势。

表 5.5　AFI 算法和 RST-based AFI 方法的性能比较（$p=0.15$，$\varepsilon_r=\varepsilon_c=0.2$）

min_sup/%	准确率/%		覆盖率/%	
	AFI	RST-based AFI	AFI	RST-based AFI
0.5	52.27	57.31	29.73	28.96
1.0	53.64	60.97	32.45	33.17
1.5	67.22	74.08	41.46	39.93
2.0	73.73	77.66	46.29	46.94

上述实验仅展示在评价指标准确率和覆盖率上各种近似频繁模式挖掘方法的性能对比。因为利用模拟数据集进行性能评测的最大优势在于，可以同时得到没有数据差错的确定数据集和包含数据错误的不确定数据集，所以容易实现性能比对，这在实际数据环境下是无法做到的。下面的实验展示 RST-based AFI 方法在真实的传统中医药数据集上的实验结果和性能比较。

5.3.2　真实数据集上的性能分析

本节评测 RST-based AFI 方法在传统中医药数据集上的性能特点。首先，基于传统中医药处方数据集构建处方信息系统；然后，为每一个处方事务生成决策属性，得到处方事务决策表；最后，应用基于粗糙集的近似频繁模式挖掘算法分析处方的方剂组方规律。

在实际应用中，没有数据错误的基础数据库是无法获得的，因此，实验中要使用最优参数也是不可能的。这里的实验目的是分析和发现中医处方中方剂组方规律，为乙型肝炎和慢阻肺合并抑郁症的临床治疗提供技术支持和用药依据。

在历史处方中，不可避免地存在着潜在错误和组分丢失，致使一副完整的方剂散落为不完整的缺乏临床意义的方剂片段，这也是容错数据库形成的原因之一，即源数据库中因个别数据错误将本来有意义的长频繁模式分散为无意义的频繁片段。这时，如果仅仅使用传统的频繁模式挖掘算法去发现真实存在的方剂组方规律和方剂核心组分，显然是不现实的。此外，在处方生成过程中，一般是精通中医的医生口述或手写各味中草药药材，通常不会失误。但在处方录入阶段，略懂中医的助理或学生可能因为一时疏忽或未准确识别手写药方而产生随机错误。考虑到待处理数据集的特点，认识到潜在错误或不精确组分基本都会体现在中草药处方中的非核心药材上。因此，这里使用 RST-based AFI 方法发现处方数据库中近似组方规律和方剂的核心组分，而不是查找医生们熟知的中医药配伍，因为这些众所周知的中医药配伍规律在相关的专业书籍中比比皆是，所以对发现新的中药方剂组方规律、配制新药服务病人没有显著实用价值。

图 5.2～图 5.4 显示了使用不同方法挖掘出的用于生成近似频繁模式的候选项集数目。其中 AFI 算法采用自底向上的方法挖掘近似频繁项集，其核心技术是使用了 0-扩展、1-扩展以及基于支持度的容噪剪枝策略。但是，AFI 算法在挖掘过程中会产生大量无意义的候选项集。在 AC-close 算法和 RST-based AFI 方法中，候选项集只包含核心模式，用它们作为初始种子生成近似频繁模式。AC-close 算法对两个拥有共同前缀的($k-1$)-项集实施并运算生成候选模式，使用交操作计算 k-项集的支持度，与 AFI 算法相比，明显缩小了搜索空间。新方法得益于粗糙集理论中的属性约简技术，将得到的每个等价类上最频繁、最有意义的项目作为核模式扩展生成近似频繁模式。因此，在基于 RST-based AFI 的方法中，候选项集进一步精简，从而缩小了搜索空间。

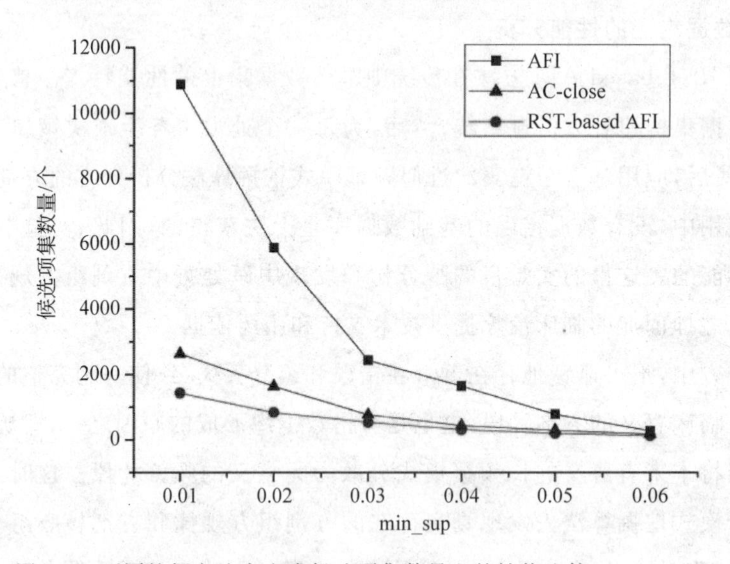

图 5.2　不同挖掘方法在生成候选项集数量上的性能比较：$\varepsilon_r=\varepsilon_c=0.1$

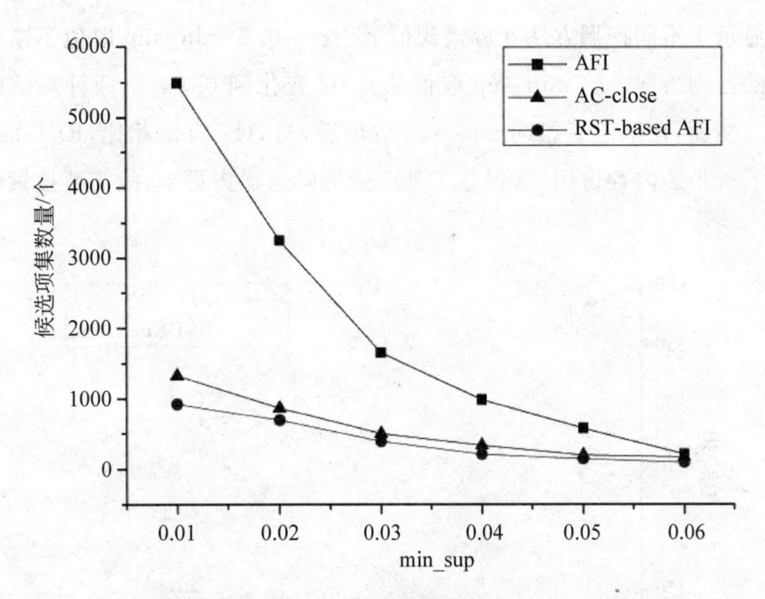

图 5.3　不同挖掘方法在生成候选项集数量上的性能比较：$\varepsilon_r=\varepsilon_c=0.2$

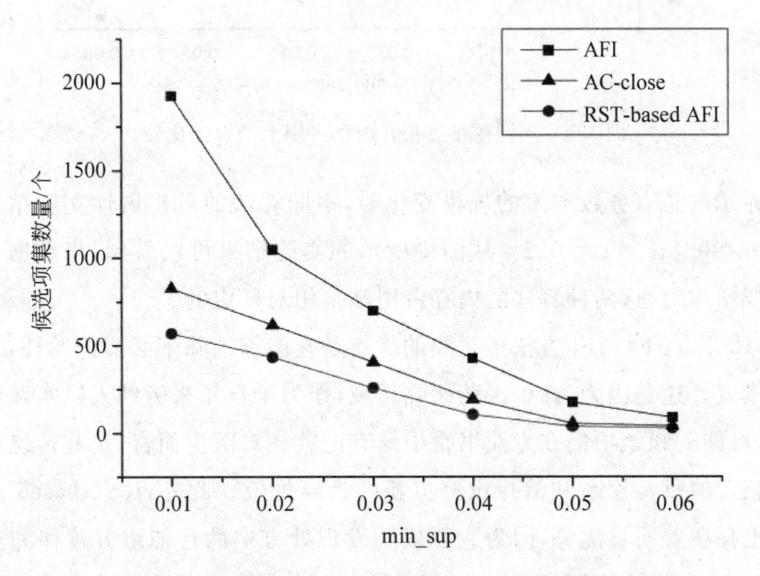

图 5.4　不同挖掘方法在生成候选项集数量上的性能比较：$\varepsilon_r=\varepsilon_c=0.25$

图 5.5 显示了不同挖掘方法在容错阈值 $\varepsilon_r=\varepsilon_c=0.2$、min_sup 取值不断变化的情况下系统内存的占用情况。当 min_sup 取值从 0.02 变化到 0.16，这两种算法的内存占用都相对稳定。然而，在给定了相同 min_sup 取值后，与 AFI 算法相比，RST-based AFI 算法几乎节省了一半的内存占用，这得益于其产生的候选项集更少，故需要搜索的数据空间也就更小。

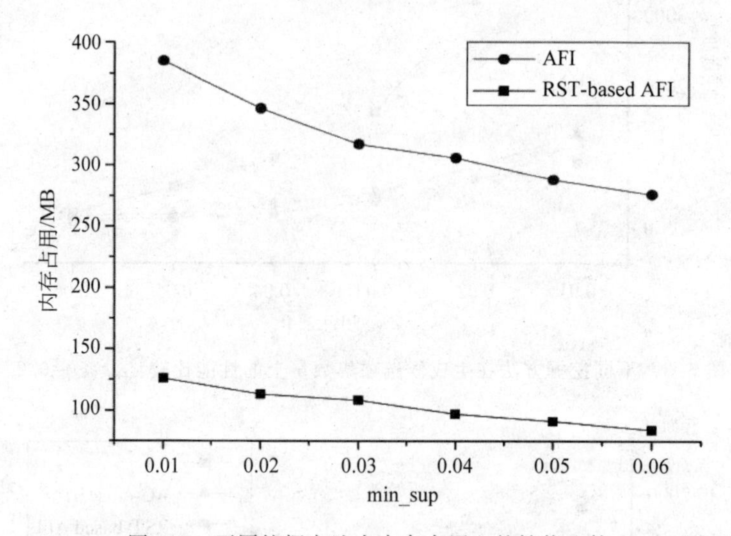

图 5.5　不同挖掘方法在内存占用上的性能比较

图 5.6 显示的是事务数据库的规模变化时，不同算法的可扩展性实验结果。这组实验中，min_sup=0.1，$\varepsilon_r=\varepsilon_c=0.2$。从图中所示的实验结果可以看到，当数据集中包含的事务数目直线增加时，这两种算法的内存占用都是相对稳定的。

实际上，RST-based AFI 方法最主要的优点是它能够消除不必要的属性，发现有意义的近似频繁模式。这是因为，在中医药研究领域，作为千百年来劳动人民实践经验和集体智慧的结晶，可能的频繁项集在专业书籍中早有记载。对医生而言，这些传统的经典组方对疑难病症患者的日常诊断和治疗没有更新的指导价值。此外，RST-based AFI 方法在挖掘质量上也存在着明显优势，因为它能成功发现处方中的近似组方规律和方剂核心组分，同时摒弃历史处方中的那些潜在错误组分。

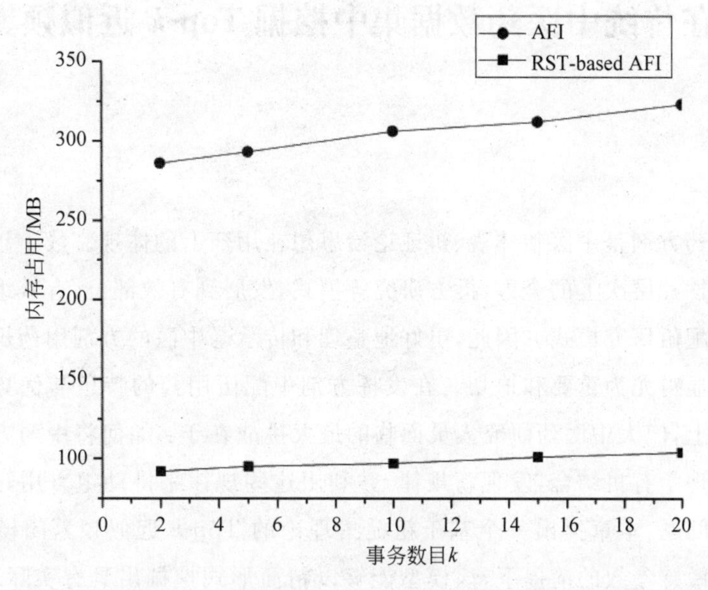

图 5.6　不同挖掘方法在可扩展性上的性能比较

5.4　本 章 小 结

本章提出了基于粗糙集理论的近似频繁模式挖掘方法，用于解决传统频繁项集挖掘算法应用于容错数据库时总是得到无实际意义的频繁片段这一问题。首先，本章对粗糙集理论及其在数据挖掘中的应用进行介绍；接着，介绍 RST-based AFI 方法；最后，介绍实验数据集、评价指标和参数，并针对 AFI 算法、AC-close 算法和 RST-based AFI 算法用于模拟数据集和真实数据集的实验结果进行比较和讨论。本章提出的方法能够在不损失覆盖率的前提下，在一定程度上提高挖掘结果的准确率，特别适合用于传统中医药数据集，实现具有实际应用价值的近似频繁模式挖掘任务。

第 6 章　在传统中医药数据集中挖掘 Top-k 近似频繁闭模式

传统中医药方剂是中医整体观、辨证论治思想在用药上的体现。数十年来，中药方剂的现代研究从饮片层次上的全方、拆方研究等模式，发展到有效部位、有效组分、有效成分层次上的组分配伍研究模式。因此，更好地整理和传承老中医的方剂用药规律，挖掘核心药物配伍模式显得尤为重要和迫切。在发挥方剂中配伍用药的特色与优势、跻身药物研究前沿的道路上，广大中医药研究人员面临的最大挑战在于：如何将中药方剂的理论、实践与新兴的药理学有机结合，发现新规律，并利用这些规律来推动组方用药的理性设计。针对这一关键问题，本章提出一个基于粗糙集理论的 Top-k 近似频繁闭模式挖掘模型。在不需要提供敏感参数的前提下，该模型能够以精简形式挖掘出具有实际理论意义和应用价值的近似频繁闭模式，应用于传统中医药数据库进行方剂组方规律和核心组分分析，进而协助新药开发、疾病早期诊断和未病预测等。在传统中医药数据集上的实验结果显示，该模型在中医药应用领域具有合理性和有效性，满足了针对中医药传统数据集的挖掘要求。

本章的主要内容安排如下：6.1 节对容错数据库中的频繁模式挖掘问题进行介绍；6.2 节重点介绍应用于中医药容错数据库的新模型——基于粗糙集理论的 Top-k 近似频繁闭模式挖掘模型；6.3 节将新模型应用于真实的传统中医药数据集，展示实验结果并进行实验数据分析；6.4 节为本章小结。

6.1　相 关 工 作

在电子医疗记录、在线健康服务等实际应用中，不确定数据随处可见。而传统的频繁模式挖掘算法在面对这些不精确数据时面临着巨大挑战。因此，近似频繁模式挖掘技术应运而生，并在数据挖掘领域受到极大关注。本节首先介绍频繁模式挖掘面临的问题，然后介绍常用的面向容错数据库的近似频繁模式挖掘算法，继而提出基于粗糙集理论挖掘

Top-k 近似频繁闭模式的新模型。

6.1.1　面临的问题

频繁模式,通常是指以较高频率出现在数据库中的项目集合、子序列或子结构,这里的较高频率是指频繁模式在数据库中出现的频率不小于用户指定的最小支持度阈值(min_sup)。

近似频繁模式挖掘的目的是从伴随着大量噪声、丢失值、错误等不确定数据的数据库中挖掘出有趣的、潜在有用的知识[216],从而实现近似关联规则发现[217]、含噪数据库重构[218]以及模糊粗糙分类/聚类[219,220]等。

现实应用中的数据经常是多样的,有时包含错误。若使用传统的频繁项集挖掘算法去处理这些不完备的数据,则面临着巨大挑战,而且通常无法得到决策者需要的有用知识。

首先,应用于确定数据库的高效频繁项集挖掘算法大都建立在 Apriori 先验性质(也称反单调性)之上,即频繁项集的所有非空子集也是频繁的。这也是经典的频繁项集挖掘算法对候选项集剪枝,缩小搜索空间的依据。然而,反单调性在大多数容噪数据库中并不成立。因此,近似频繁模式挖掘算法只好采用启发式方法逐步缩小搜索空间。而这种方法无法保证搜索空间的完整性,只能获得不精确的挖掘结果。

其次,近似频繁模式挖掘算法在(k+1)-项集产生阶段面临着巨大挑战。在确定数据库中,一个频繁项集的非空子集也是频繁的,这也是深度优先搜索应用于频繁项集挖掘过程的基石。而在近似频繁模式挖掘中,反单调性不再成立,因此,不能采用直接在子模式上追加频繁项目的方法得到更长候选项集,只能多次扫描原始数据库,估算每一个项集的实际支持度。这样做的结果是导致算法的时间复杂度增长为潜在项集最大值的指数级别。更有研究表明,在容错数据库中,候选项集的支持度计算问题是一个 NP-hard 问题[221],即使在错误个数固定的容错数据库中也不例外。

再者,由于数据库中存在大量遗漏的项目,项集的支持度降低,致使大的频繁模式被“拆分”成多个短模式碎片,而传统的频繁模式挖掘方法不可能由这些频繁模式片段发现原始“完整”的长频繁模式。因此,近似频繁模式挖掘方法受到极大关注,研究人员希望找到合适的方法发现容错数据库中可能丢失的而实际上真实存在的那些完整的长频繁模式。然而，这也带来新的问题，那就是：与传统频繁模式挖掘方法能获得准确的频繁模式集合不同，近似频繁模式挖掘方法只能获得大致正确的挖掘结果，里面可能存在伪正例或伪反例。如果挖掘算法处理不当的话，还会产生错误结果。

6.1.2 近似频繁模式挖掘算法

为了解决近似频繁模式挖掘中的各种困难，前人的研究成果提供了各种解决方法。根据项集中遗失项目的形式不同、采用的处理方式不同，可以将这些方法大致分为三类：数据库中遗失了固定个数项目的情况；数据库中按照一定比例遗失项目的情况；数据库中依据一定代价回填遗失项目的情况。

1. 数据库中遗失了固定个数项目的情况

这种情况下，随着数据量的增加，数据库中存在的错误数据个数是固定不变的，在此类型的近似频繁模式挖掘中，反单调性依然成立，所以，仍然可以采用经典的频繁项集挖掘框架来解决近似频繁模式挖掘问题。一种比较直接的解决方法是放松对支持度的计算要求，并不是一个事务包含了项集中的所有项目才认为该事务支持此项集，而是只要一个项集中的大多数项目都存在于某事务中，就可以认为这个事务支持此项集。

2001 年，Pei 等首先提出了容错项集的概念并设计实现了 FT-Apriori 算法[222]。该算法采用生成-检测框架，依据反单调性剪枝搜索空间，挖掘容错频繁项集。由于 FT-Apriori 算法允许固定数目的遗失项目出现在待考虑项集中，可能会出现某个项目在大多数事务中都存在遗失现象，只出现在少数事务中的退化情况[223]（如图 6.1(c)所示）。而 FT-Apriori 算法在处理这种退化情况时，容易导致挖掘结果中出现大量与其他项目关联度甚微的伪正例。

Koh 和 Yo 提出的 VB-FT-Mine 算法[224]也遇到了类似难题。该算法引入容错二进制位矢量来描述候选项集的分布。受益于位矢量操作，VB-FT-Mine 算法采用深度优先增长的方法产生候选项集，有效发现容错频繁模式。实验结果表明，基于位矢量的 VB-FT-Mine 算法将运行时间效率提高了一个数量级。

考虑到容错频繁模式挖掘算法的运行时间是以项目数量的指数级别增长的，为了解

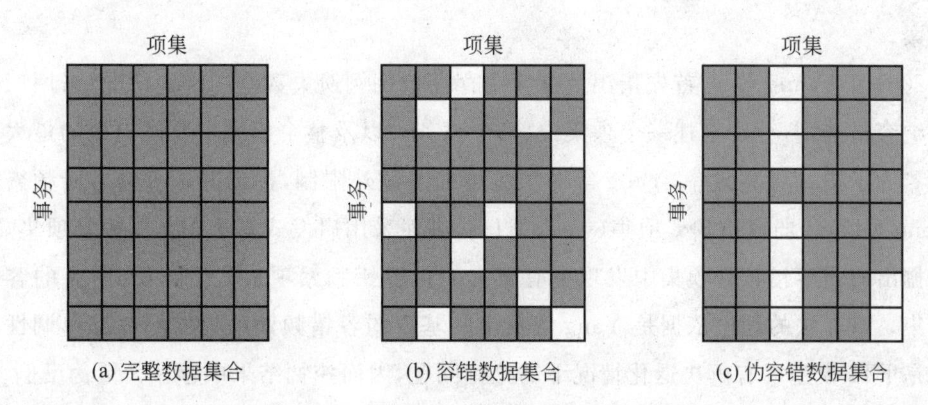

(a) 完整数据集合　(b) 容错数据集合　(c) 伪容错数据集合

图 6.1　项集的二进制矩阵表示形式

决项目数量巨大的容错数据库中频繁项集挖掘算法效率低下问题，Poernomo 等[216] 提出了一种 BIAS 框架挖掘容错频繁项集的统计信息。该框架包含回溯算法、整数线性规划限制和汇总统计三部分，可以在无须得到具体容错频繁模式的前提下，获得关于容错频繁项集的各种统计信息，如每个项集对应的事务集合的尺寸、每个事务中出现的项集元素的个数等。基于 BIAS 框架的挖掘算法有效改善了容错频繁模式挖掘的效率，提供了针对容错频繁模式更深刻、更全面的分析。

建立在数据库中遗失了固定个数的项目这一假设基础上的容错频繁模式挖掘，显然是一种简化情况。这类算法为处理按比例遗失项目的数据库提供了常规思路。也就是说，增加一些限制条件以缩小搜索空间，然后采用近似挖掘方案。需要说明的是，这种情况下的挖掘结果一般都存在大量伪正例或伪反例。

2. 数据库中按照一定比例遗失项目的情况

目前处理这种情况的常用方法是：首先采用更宽松的支持度定义，将频繁模式匹配的准则放松为只需近似匹配即可。然而，目前仍然存在急需解决的难题：在成比例遗失项目的数据库中，较长的项集允许遗失的项目个数更多，而短项集允许遗失的项目个数较少，所以反单调性不再成立。其后果是，挖掘算法无法采用自顶而下的方法首先找到短模式，然后通过追加新项目生成更长候选模式，最后结合多种剪枝技术缩小搜索空间，检验并发现所有频繁模式这种常规方法。为了克服这一困难，近年来研究人员提出了各种改进方案。

2001年，Yang等[59]首先指出数据库中存在按比例遗失数据的现实情况；采用三个参数归纳容错准则，分别描述一个项集中、一个事务中以及整个模式中允许出现的最大错误比率。为了提高计算效率，Yang等对项集增加了额外限制，提出并区分强容错频繁项集(strong ETI)和弱容错频繁项集(weak ETI)，进而采用启发式算法挖掘弱频繁项集，最后从挖掘出的弱容错频繁项集中发现更有意义的强容错频繁项集，从而得到所有的容错频繁项集。该方法的理论依据是Yang等提出的基于弱容错频繁项集的局部反单调性。其缺陷是ETI模型没有解决退化情况下的挖掘问题，因而挖掘结果中存在大量伪反例。

受ETI模型的启发，文献[61]提出了稠密项集(Dense Itemset)的概念，也就是说，作者在弱容错频繁项集的基础上增加了一个递归条件，使得挖掘出的容错频繁项集符合向下闭合原则，这样，反单调性得以成立。因而可以采用与经典频繁项集挖掘算法类似的宽度优先搜索或分层挖掘技术，更简洁地发现容错频繁模式。稠密项集模型的优点是，能够应用类似Apriori算法中的剪枝技术提高挖掘效率，但也存在引入较多冗余项目的缺陷，这是因为该模型放松了事务对项集及其子集支持力度上的要求。实验结果表明，基于稠密项集的方法挖掘出的容错频繁模式在质量上不如同时考虑项目和事务两方面限制的挖掘方法。

2006年，Liu等将强容错频繁项集的限制条件同时扩展至单独的行和单独的列，提出近似频繁项集(AFI)模型[62]。该模型在事务和项目两方面同时控制错误出现的比例，并采用容噪支持度作为Apriori剪枝的阈值。AFI模型使用0-扩展和1-扩展技术，宽度优先，逐层挖掘，找到完整的近似频繁模式集合。基于强容错频繁项集的子集，AFI模型提供了一个反单调性的宽松版本。然而，由于指数级合并计算操作的存在，该模型也会产生大量的伪正例。

得益于AFI模型中容噪支持度的优势，Gupta等建议在改进的新模型中使用类似的容噪支持度剪枝[225]，但摒弃AFI模型中启发式的后处理步骤。因为实验结果显示，AFI模型中的0-扩展规则可能无法识别完整的支持事务集。因此，Gupta等建议不再直接由事务间的并操作产生下一层候选模式，而是在0-扩展阶段直接扫描整个数据库。与初始的AFI模型相比，该方法可以获得更加完整准确的挖掘结果。然而，改进后的新模型仍然没有解决指数级别的计算问题。

为解决这一繁杂的指数级别的计算问题，Cheng 等提出 AC-close 算法[226]。该算法在事务和项目两个方面同时限制数据中允许容纳的错误比例，采用核模式思想挖掘近似频繁闭项集。在 AC-close 算法中，核模式的集合作为初始种子用于产生近似候选项集，然后采用自顶向下的方法依次发现更长近似频繁项集。此外，该算法也使用有效的剪枝技术缩小搜索空间。由于 AC-close 算法引入一个新的参数控制支持事务的比例，过滤可能产生的候选项集，避免了伪正例。作为一种有效的近似频繁闭项集挖掘算法，其挖掘效率和准确率都明显超过了以往算法。

综合考虑前人的研究成果，Poernomo 和 Gopalkrishnan 提倡一种不需要反单调性支持的普适性方法[227]。文献中首先设计一个定界函数用于划定搜索空间，并且推导出理论最优定界函数，定义搜索空间的边界；然后提出按比例放松容错支持度的有效方法，从而将解决按比例丢失项目的问题转化为处理固定个数的项目出错问题，大大简化了问题的复杂程度。接着，Liu 等又提出加速上述算法的技术[228]。这两个算法的最大贡献是，它们在近似频繁模式挖掘的两种情况下，即在固定个数项目遗失和按比例遗失项目搭建了技术上互通的桥梁。

综上所述，在处理包含一定比例项目遗失的容错数据库时，前人的研究成果给人们如下启示。

(1) 通过添加额外限制条件构造简化模型：通过这种方法，构建反单调性成立的条件，为的是能够使用有效的剪枝技术缩小搜索空间。

(2) 采用近似挖掘的解决方案，无法避免挖掘结果中错误信息的存在，但是为了改进算法的执行效率，采用近似挖掘方案是有效的和必需的。因为已经证明了容错支持度计数问题是一个 NP-hard 问题，而且采用基于启发式算法的近似挖掘方案是解决这类 NP-hard 问题的首选。

3. 数据库中依据一定代价回填遗失项目的情况

考虑到容错数据库中每个项目都有丢失的可能，基于丢失代价的“回填”技术也是解决近似频繁模式挖掘问题的可行方法。用户首先提供每一个项目遗失的代价或者惩罚因子，然后依据这些参数将每个可能遗失的项目插入到各个事务中，最后将所有遗失项目回填至容错数据库，得到最接近真实情况的事务数据库，然后采用传统的频繁模式挖掘算法发现潜在的有意义的近似频繁模式。

在现实应用中，对于潜在有趣的项集，由于受到环境噪声等不确定因素的影响，其支持度可能会低于最小支持度阈值。因此，一些研究者希望在挖掘过程中，向事务中重新插入可能遗失的项目，这就是文献[229]中递归消除算法的设计思路。显然，这些“遗失”和“插入”只是近似匹配的结果。该算法逐步消除容错数据库中每个项目对应的事务集中的公共前缀，递归处理余下的事务子集，根据给定的代价参数回填可能遗失的数据，直至所有项目都确定回填的可能性为止。递归消除算法的优点是简单、容易实现，适合在实际应用中简洁地找到近似频繁模式，但在处理数据量巨大的应用时所需的运行时间过长。

文献[230]提出了一种更简单的频繁模式挖掘算法——SaM 算法，并将其扩展版本用于近似频繁模式挖掘任务。当需要处理的数据量巨大以至于主存无法容纳所有数据的情况下，SaM 算法应该是明显优于类 Apriori 算法的选择。SaM 算法更适合在稠密数据库中执行近似频繁模式挖掘任务，而在处理稀疏数据库时，执行时间较长，没有取得满意的性能。

文献[223]提出的 SODIM 算法依据项集及其子集尺寸的分布进行近似频繁模式挖掘。与以往基于代价回填的方法不同，该算法不需要用户为每一个项目指定各自的惩罚因子，而是一视同仁地对待每一个项目。SODIM 算法的优点是，减少包含错误项目的项集所在的事务对支持度计数的贡献，通过搜索中间数据的方法滤除可能的伪项集。

总之，基于代价的方法基本都是 Christian Borgelt 及其科研团队的研究成果。他们认为事务对支持度的贡献与该事务中丢失的项目个数呈一定的比例关系。每个“遗失”项目插入到各个事务中的代价是由用户指定的惩罚因子，它体现了特定项目应该出现在指定事务中的概率。可见，为了限制项目回填的个数，需要用户指定的参数较多，而每个参数值对挖掘算法的执行结果有着重要的影响。因此，由用户指定所有参数的正确取值显然是一件很困难的事情。此外，这类算法的时间复杂度是项目个数的指数级别，并随着事务数目的增长呈线性增长趋势，这也是此类算法的重要缺陷之一。

6.2　基于粗糙集理论的 Top-k 近似频繁闭模式挖掘

在中医学理论中,模糊粗糙概念和不确定性量词随处可见,如八纲辩证中的阴阳、表里、寒热、虚实;六经辩证的太阳、阳明、少阳、太阴、少阴、厥阴证等。如何判断这些特性,一直没有明确的界限,也是不确定的。中医理论体系的建立历经几千年,正是由于其中普遍存在的模糊粗糙概念和不确定性,造成了目前中医学存在着"心中了了,指下难明""只可意会,不可言传"等问题,导致一些古典中医药方剂在历史传承的过程中不可避免地引入了部分错误和遗失,给中医药方剂的研究和中医药理论的传承带来了一定影响,以至于它的现代化发展常常给人一种滞后的感觉。因此,实现中医的精确化、定量化、科学化和规范化,需要利用科学化、现代化手段对中医学进一步改造、发展和完善[17],从而适应现代社会的需要。

本着应用和服务于传统中医药研究和发展的需要,本节提出了 Top-k 近似频繁闭模式挖掘模型,其中重点解决实际应用中用户定义的容错率对挖掘效果影响过大以及挖掘结果过于庞大、其中有意义的频繁模式难以迅速甄别这两个问题,同时考虑近似频繁模式挖掘中的两个难题:反单调性问题和支持度计算的 NP-hard 问题。新模型由三部分组成:基于聚类算法划分事务类、基于粗糙集理论产生核模式、分层的近似频繁闭模式挖掘。

首先,根据每个事务中包含的相同项目的个数,应用聚类算法将事务数据库划分成 k 个事务类,同一类内的事务较为相似,不同类间的事务差异较大。这样做的目的是区分不同事务集合边界,找到每一个事务集中的公共项目。

接着,建立一个事务信息系统,其中出现在同一个事务中的项目集合可以看作一个项集。将每一个事务中的项目集合看作等待执行属性约简的条件属性,对同一类中的事务执行基于粗糙集理论的属性约简技术。操作完成后得到的约简项目集合就是同一类中最重要、最频繁的项集。

最后,基于约简后的项集分别构建各自的格,然后用分而治之的方法分别在每一个等价类对应的"格"中分层挖掘近似频繁闭模式。得益于后向剪枝技术和前向容错搜索技术,只需对至多$\lceil k\varepsilon_r \rceil$个层次进行挖掘处理就可以得到需要的近似频繁闭模式。

6.2.1 事务类划分阶段

首先进行聚类的目的是根据事务之间的相似性将数据集划分成不同的子类,使得同属一类的事务间相似度较高,而不同类间的事务相似度较低。在过去的十几年里,结合频繁模式挖掘和聚类算法的研究不断涌现[231~235]。CDAR 算法[234]根据事务的长度将数据集划分成不同子类,通过减少类内成员的方法改进了挖掘性能。MaxClique 算法[235]将可能的频繁项集划分为字母序排列的非连续子格;然后采用分而治之的方法,在每个子格中分别实施频繁模式挖掘过程。显然,该算法缩小了搜索空间,使挖掘过程的并行化成为可能。

这里,在新模型中,第一步需要使用聚类算法识别模式的分布,即根据容错数据库中数据内在的相关性将事务划分为不同的事务类,使得同属一类的事务之间相似而不同类中的事务相异。

可见,"相似"或"相异"性的度量极为重要。这里依据不同事务拥有的相同属性的个数来度量。下面定义重叠度和相似度来描述事务间的可能关系。

定义 6.1(重叠度) 给定事务数据库 D 中项目的两个集合 X、Y,项集 X、Y 的重叠度定义为在这两个项集中同时出现的共同项目的集合,一般通过对这两个项集实施交操作得到。

$$\text{overlap}(X,Y)=\{X\cap Y \mid X\in t_i, Y\in t_j \text{且}\ t_i,t_j\subset D\} \tag{6.1}$$

定义 6.2(相似度) 给定事务数据库 D 中项目的两个集合 X、Y。项集 X、Y 的相似度定义为项集 X、Y 的重叠度中包含项目的个数。

$$\begin{aligned}&\text{similarit}(X,Y)=\mid \text{overlap}(X,Y)\mid=\mid X\cap Y\mid\\&X\in t_i,\ Y\in t_j \text{且}\ t_i,t_j\subset D\end{aligned} \tag{6.2}$$

这样,给定容错数据库 D,其中每一个事务是一个项目的集合,所有事务的集合构成了整个数据库 D。下面通过聚类操作将数据库 D 划分为 K 个不同的事务类。具体聚类过程的形式化描述如下。

令 $t_i(i=1,2,\cdots,N)$表示由 N 个事务构成的数据库 D 中的第 i 个事务,D_{ij} 表示 t_i 中

的第 j 个项目。对于 $i(i=1,2,\cdots,N)$ 和 $k(k=1,2,\cdots,K)$，存在矩阵 $\boldsymbol{W}=[w_{ij}]$，使得

$$w_{ij}=\begin{cases}1 & \text{第 } i \text{ 个事务属于第 } k \text{ 个事务类} \\ 0 & \text{其他}\end{cases} \tag{6.3}$$

其中，w_{ij} 具有属性：

$$w_{ij}\in\{0,1\} \quad 且 \quad \sum_{j=1}^{k} w_{ij}=1 \tag{6.4}$$

令第 k 个类中心为 $c_k=(c_{k1},c_{k2},\cdots,c_{kd})$。为了有效产生各类，并进一步改进数据挖掘质量，类中心 c_k 的初始值可以设置为对应项集中包含第 k 个最频繁项目的某个随机事务。这样可以使 K 个初始类中心的分布更加均匀。因此，首先扫描原始数据库得到所有的 Top-k 频繁项目。

然后计算数据库中其他事务与各个类中心的距离，根据计算结果将这些事务指派到最相似的类。分区依据如下：

$$\mathrm{class}(c_k)=\{t_i \mid t_i\in D,\ |t_i\cap c_k|\geqslant\varepsilon, t_i\neq c_k\} \tag{6.5}$$

这里，$\varepsilon\in[1,\mathrm{min\_sup}-\varepsilon_r|N|]$ 是相似度阈值，界定了每个类中事务成员的范围和数目。因此，当增加相似度阈值 ε，每个类中的成员数目也会显著减少。这里，不失一般性，暂且设置 $\varepsilon=1$。

类内距离总和定义为同一个类中各成员与类中心之间的距离之和：

$$S(\boldsymbol{W})=\sum_{k=1}^{K}\sum_{i=1}^{N} w_{ik}\sum_{j=1}^{d} d^2(t_{ij},c_{kj}) \tag{6.6}$$

这里，$d(t_{ij},c_{kj})$ 表示类成员 t_{ij} 与类中心 c_{kj} 间的 Jaccard 距离。

聚类的目标就是找到矩阵 $\boldsymbol{W}^*=[w_{ik}{}^*]$，使得 $S(\boldsymbol{W})$ 的值达到最小化，即

$$S(\boldsymbol{W}^*)=\min_{\boldsymbol{W}}\{S(\boldsymbol{W})\} \tag{6.7}$$

在聚类过程中，一个很重要的问题是找到每个类的中心点，这样，一个数据点与离它最近的类中心之间的均方误差才得以最小化。传统的 K-means 聚类算法提供了一种简单方法获得聚类划分的近似解决方案。因此，这里稍加改进后用于事务数据的聚类过程。首先，随机选取一个包含 Top-k 频繁项目的事务作为第 k 个类的初始类中心。在每次迭代中，将剩余的每个事务指派给与该事务距离最近的类中心所在的类。当各类中不存在任何事务需要进行类间重分配或达到迭代次数上界时，聚类算法结束。

由于选用了优化后的初始类中心，改进的聚类算法避免了传统 K-means 聚类中的主要问题，即：若未正确选择初始分区的话，K-means 算法会因为对数据敏感而导致算法中止于局部最优解。改进后的 K-means 算法见算法 6.1。

这里选取 K-means 算法进行聚类操作，是因为该算法的可扩展性良好且实现简单，比较适合用于较大数据库；而且，K-means 算法较快的收敛速度和对稀疏数据的可适应性使得该算法可扩展用于规模更大的容错数据库。

另外需要说明的是，这里挖掘的是 Top-k 近似频繁闭模式，因此，k 可以作为聚类参数，用于 K-means 算法划分等价类。当然，如果需要挖掘近似频繁模式的完全集合，可以根据存储空间的大小和所需挖掘结果的精确度综合确定 k 的具体取值。总的来说，k 取值较大的话，算法计算量较大，计算的精确度降低；k 取值较小的话，得到的挖掘结果较少，但可能会丢失有意义的近似频繁模式。

算法 6.1 改进的 K-means 聚类算法。

输入：事务数据集 D，用户指定的聚类参数 K，最小支持度阈值 min_sup。
输出：K 个事务类。

1. 依次选择满足如下条件的 K 个事务作为 K 个初始类中心：第 k 个事务包含第 k 个最频繁项目，然而不包含前面 $k-1$ 个最频繁项目。这使得 K 个初始类中心均匀分布。
2. 根据式(6.1)和(6.2)，将数据库 D 中的每个事务指派给距离最近的类。
3. 根据式(6.5)和(6.6)，重新计算每一个类中心。
4. 重复上述步骤 2 和步骤 3，直到满足任意一个终止条件。

6.2.2 核模式产生阶段

已经证明，容错数据库中的支持度计数问题是 NP-hard 问题[221]。因此，比上述问题更为困难的问题，即在容错数据库中挖掘有代表性的近似频繁闭模式问题也一定是 NP-hard 问题。结论如下。

定理 6.1 在给定的容错数据库中挖掘有代表性的近似频繁闭模式问题至少是 NP-hard 问题，除非 P＝NP。

这促使研究人员探索有效的近似挖掘算法去解决当前的这一类NP-hard问题。在现实应用中，粗糙集理论经常用于分析不确定或/和不完整数据；而且，粗糙集理论更擅长解决对象集合中包含潜在错误或含糊知识的分类问题。这些问题与近似频繁闭模式挖掘过程中遇到的情形极为相似。于是，可以考虑将粗糙集理论用于近似频繁闭模式挖掘，利用其中的属性约简技术去发现隐藏在类中的初始种子，进而扩展生成候选频繁闭模式。下面简单描述应用粗糙集理论为各等价类生成初始种子的过程。

(1) 将源数据库转换成事务信息系统 $D=(U,A)$。

这里 U 中的元素通常称为对象，对应事务数据库中的事务，一个事务也可以描述为它支持的项目集合；A 中的元素通常称为属性，对应事务数据库中的项目，每个项目描述的是组成项集的某个方面的特征。“信息表”是描述事务信息系统的最简单形式，表示为一个二维矩阵，其中每行对应事务集合 U 中的一个成员，每列代表组成项集的某个项目，矩阵中行、列交叉单元以二进制数据的形式描述了项目和事务(项集)之间的关系：取值为1表示这个项目存在于指定的事务中，而取值为0意味着该项目没有出现在指定事务中。

通过对每个事务添加一个决策属性，将事务信息系统 $D=(U,A)$ 扩展为一个事务决策表 $D'=(U,A\cup\{\text{dec}\})$，其中dec表示决策属性，且满足 $\text{dec}\notin A$。

在粗糙集理论中，决策表是用于表示信息系统的一种常见形式，通过为信息表分别指定一定数量的条件属性和几个决策属性构建而成。这里选择每一行中的所有项目(即一条事务支持的所有项目)作为条件属性，同时设置第一个阶段得到的类索引作为决策属性。不失一般性，假设决策$\{\text{dec}\}$的域 V_{dec} 取值范围是$\{1,2,\cdots,d\}$。那么，决策$\{dec\}$确定了全集 U 的一个划分：

$$U=\text{class}_1\cup\text{class}_2\cup\cdots\cup\text{class}_d,\quad \text{class}_k=\{x\in U:\text{dec}(x)=k\}$$

这里 class_k 是全集 U 的第 k 个决策类。换句话说，可以通过决策属性识别决策类，因为正是通过决策属性将全集 $U=\text{class}_1\cup\text{class}_2\cup\cdots\cup\text{class}_d$ 划分成了几个不连续的类 $\text{class}_1,\text{class}_2,\cdots,\text{class}_d$。

(2) 使用属性约简生成核模式。

属性约简是粗糙集理论中的核心问题。找到一个数据集的所有约简集合被证明是一个 NP-hard 问题。因此，需要在有效地获得约简集合和减少计算复杂度以避免“组合爆炸”这两个问题之间全面权衡，找到一种折中方案。

基于第一阶段的聚类过程，容错数据库中的事务已被划分成不连续的事务类。为了有效处理信息表中的二进制数据，已经在属性约简阶段构建了事务决策表。下面，用实例描述获得核模式的主要思想和过程。

例 6.1 在由 6 个项目、22 条事务组成的容错数据集中，第一阶段的聚类过程将所有事务划分为 3 个事务类。以类 1 中的事务为例(见表 6.1)。

表 6.1 类 1 中数据集的二进制表示

事 务	项 目			
	a	b	c	d
U_1	1	1	1	0
U_2	1	0	0	0
U_3	1	1	1	1
U_4	0	0	1	1
U_5	1	1	0	0
U_6	1	0	1	1
U_7	0	1	1	1

经过第一阶段的转换，获得事务信息系统 $D=(U,A)$，通过向全集 U 中的事务添加决策属性$\{\text{dec}\}$构建事务决策表 $D'=(U,A\cup\{\text{dec}\})$。此例中，$U=\{U_1,U_2,\cdots,U_7\}$，$A=\{a,b,c,d\}$且 $\text{class}_1=\{x\in U:\ \text{dec}(x)=1\}$，相应的分辨矩阵如表 6.2 所示。

表 6.2 类 1 的分辨矩阵

	U_1	U_2	U_3	U_4	U_5	U_6	U_7
U_1							
U_2	b,c,d						
U_3	d	b,c,d					

续表

	U_1	U_2	U_3	U_4	U_5	U_6	U_7
U_4	a,b,d	a,c,d	a,b				
U_5	c	b	c,d	a,b,c,d			
U_6	b,d	c,d	b	a	b,c,d		
U_7	a,d	a,b,c,d	a	b	a,c,d	a,b	

可以基于分辨函数找到类 1 中属性(项目)的约简集和/或核模式。

$$\begin{aligned} f_{M(S)} = &(b \vee c \vee d) \wedge (d) \wedge (a \vee b \vee d) \wedge c \wedge (b \vee d) \wedge (a \wedge d) \\ &\wedge (b \vee c \vee d) \wedge (a \vee c \vee d) \wedge b \wedge (c \vee d) \wedge (a \vee b \vee c \vee d) \\ &\wedge (a \vee b) \wedge (c \vee d) \wedge b \wedge a \wedge (a \vee b \vee c \vee d) \wedge a \wedge b \\ &\wedge (b \vee c \vee d) \wedge (a \vee c \vee d) \wedge (a \vee b) \\ = &d \wedge c \wedge b \wedge a \end{aligned}$$

这样,使用属性约简技术得到了一个约简,也是$\{a,b,c,d\}$的核模式。在粗糙集理论中,一个约简就是一个足以描述相应决策属性的子集。因为越是频繁出现的规则应该越是占据主要地位,对项目进行约简有利于快速丢弃极少出现的项目,迅速找到在事务数据库中最频繁出现的项目。这里将每一个约简看作一个初始种子,用于扩展生成候选频繁模式。因此,将核项集$\{a\}$、$\{b\}$、$\{c\}$和$\{d\}$的支持度计数与阈值 min_sup 进行比较之后,可以得知$\{a\}$、$\{b\}$、$\{c\}$和$\{d\}$都是真频繁项集。下面就用初始种子$\{a,b,c,d\}$构建等价类,然后在每一个等价类上分而治之地挖掘近似频繁闭模式。

一般来说,作为所有约简项的交集,核是所有约简项的基础,同时也是这个类中最频繁的项集。其实,作为最频繁出现的项集,核模式成为频繁项集的概率非常高。而且核模式总是真频繁项集,即使是在容错数据库中也大抵如此。

6.2.3　Top-*k* 近似频繁闭模式挖掘阶段

属性的所有约简代表了原始数据集中最重要的信息,所以在生成近似频繁闭模式的过程中,约简集中频繁出现的属性(项集)比原始数据集中的其他项目更值得关注。因此,第三个阶段使用所有的约简作为初始种子,将原始数据集中所有具有代表性的项目进行划分,构建各自的等价类,在每个等价类形成的"格"上,从长度最大的候选模式开始,逐层挖掘近似频繁闭模式。

步骤1 在事务信息系统中对条件属性约简,确定每个格上包含的项集。根据聚类结果,当且仅当两个项集来自相同的事务类时,它们才有可能同属于一个等价类,这里以每一个初始种子为基础构建一个格。图6.2显示以表6.1中的数据集为依据构建候选项集的格。

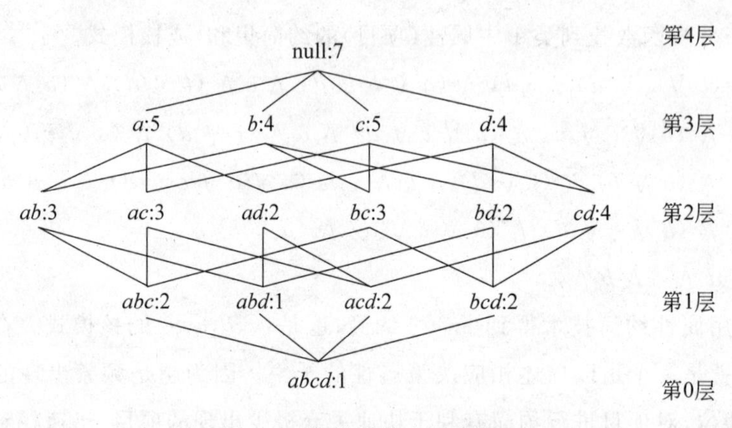

图6.2 依据核模式生成格 L

步骤2 在每个等价类上自底向上逐层挖掘近似频繁闭模式。对一个长度为 k 的约简来说,在支持它的事务中可以允许遗失属性值0的个数是 $\lfloor k\varepsilon_r \rfloor$。这样,此格中需要搜索的扩展空间为从当前层开始向上最多 $\lfloor k\varepsilon_r \rfloor$ 层。因此,对第 $\lfloor k\varepsilon_r \rfloor$ 层事务集合中的元素依次进行交操作,得到项集的支持度。

例如,给定 $\varepsilon_r=\varepsilon_c=0.5$,挖掘过程从格 L 中最长的模式 $\{a,b,c,d\}$ 开始。由于 $\lfloor k\varepsilon_r \rfloor=\lfloor 4\times0.5 \rfloor=2$,需要依次搜索第三层和第二层的扩展空间。在进行交运算计算出项集的支持度后,发现没有比 $\{a,b,c,d\}$ 更长的频繁模式。这时,经过闭合性检查后,得到了这个格上的近似频繁闭模式 $\{a,b,c,d\}$。

步骤3 对支持度小于阈值 $\text{min\_sup}\times N\times(1-\varepsilon_c)$ 的候选模式实施全局剪枝,识别出那些不满足项目约束 ε_c 的候选模式。此外,也可以运用近似频繁模式的闭合性进一步缩小搜索空间。

继续步骤 2 中的示例，针对模式$\{a,b,c\}$实施类似的挖掘过程，得知其扩展空间只有第二层。无须闭合性检查，依据文献[226]中的结论，可以认为该模式是不闭合的。依次执行下去，完成整个挖掘过程。

总的来说，粗糙集理论中的属性约简技术提供了一种查找介于真频繁模式和近似频繁模式之间的近似边界的简捷方法。根据反单调性，首先发现长频繁模式，然后使用后向剪枝技术得到真频繁模式。而且，在给定参数 ε_r、ε_c 和 min_sup 的前提下，还可以使用前向容错搜索技术挖掘出所有的近似频繁闭模式。

6.3　实验结果和分析

本节展示新的 Top-k 近似频繁闭模式挖掘模型应用于传统中医药数据集上的实验结果。首先，在传统中医药数据集上运行基于支持度的事务聚类算法；接着，构建处方信息系统，执行基于粗糙集理论的近似频繁闭模式挖掘算法并分析不同症状的处方组方规律，这是实际应用中得以发现有意义、有价值的中医药处方组方规律以及方剂有效组分配伍规律的关键步骤；最后，将得到的有趣 Top-k 组方诉诸领域专家进行深入调研。

为了有利于将新模型应用于实际中医药领域，这里所有的算法用 Java 实现，实验环境为：安装 64 位 Windows 7 操作系统的主机一台，处理器为 Intel core(TM) i5-2520M CPU 2.5GHz，安装内存为 4.00GB RAM。

6.3.1　基于支持度的聚类算法性能分析

来自临床实践的传统中医药数据已经成为现代医学重要的信息来源之一。首先，从历史典籍资料或现代临床实践中获得传统医学数据，根据科研需要将它们从原始文本形式(见图 6.3)转换成数字数据，并以记录集合的形式保存在处方数据库中(见图 6.4)，以便为下一步的信息共享提供有效的数据平台。

处方号	诊断	药品名称	规格	基本剂	剂量	频次	数量	数量	金额	每次用量	用量	用法
5947008	肝癖（肝胆湿热）；肝硬化	彩色多普勒超声常规检查					1.000		130	0.0000		
5947008	肝癖（肝胆湿热）；肝硬化	超声计算机图文报告					1.000		20	0.0000		
5947376	乙肝肝硬化 肝积（湿热蕴结型）	甘草	1000g/kg	1.0000	g	PRN	60.000	g	3.71	3.0000	g	水煎服
5947376	乙肝肝硬化 肝积（湿热蕴结型）	扁蓄	1000g/kg	1.0000	g	PRN	300.000	g	2.07	15.0000	g	水煎服
5947376	乙肝肝硬化 肝积（湿热蕴结型）	水牛角	1000g/kg	1.0000	g	PRN	600.000	g	36.3	30.0000	g	水煎服
5947376	乙肝肝硬化 肝积（湿热蕴结型）	通草	1000g/kg	1.0000	g	PRN	120.000	g	47.86	6.0000	g	水煎服
5947376	乙肝肝硬化 肝积（湿热蕴结型）	车前草	1000g/kg	1.0000	g	PRN	300.000	g	4.95	15.0000	g	水煎服
5947376	乙肝肝硬化 肝积（湿热蕴结型）	三七粉	1000g/kg	1.0000	g	PRN	60.000	g	94.5	3.0000	g	水煎服
5947376	乙肝肝硬化 肝积（湿热蕴结型）	茵陈	1000g/kg	1.0000	g	PRN	300.000	g	8.25	15.0000	g	水煎服
5947376	乙肝肝硬化 肝积（湿热蕴结型）	豆蔻	1000g/kg	1.0000	g	PRN	180.000	g	17.33	9.0000	g	水煎服
5947376	乙肝肝硬化 肝积（湿热蕴结型）	淡竹叶	1000g/kg	1.0000	g	PRN	180.000	g	3.71	9.0000	g	水煎服
5947376	乙肝肝硬化 肝积（湿热蕴结型）	赤小豆	1000g/kg	1.0000	g	PRN	600.000	g	12.36	30.0000	g	水煎服
5947376	乙肝肝硬化 肝积（湿热蕴结型）	盐黄柏	1000g/kg	1.0000	g	PRN	180.000	g	12.71	9.0000	g	水煎服
5947376	乙肝肝硬化 肝积（湿热蕴结型）	地耳草	1000g/kg	1.0000	g	PRN	600.000	g	12.36	30.0000	g	水煎服
5947376	乙肝肝硬化 肝积（湿热蕴结型）	栀子	1000g/kg	1.0000	g	PRN	180.000	g	10.4	9.0000	g	水煎服
5947376	乙肝肝硬化 肝积（湿热蕴结型）	麸炒苍术	1000g/kg	1.0000	g	PRN	240.000	g	18.86	12.0000	g	水煎服
5947376	乙肝肝硬化 肝积（湿热蕴结型）	砂仁	1000g/kg	1.0000	g	PRN	180.000	g	79.2	9.0000	g	水煎服
5947377	乙肝肝硬化 肝积（湿热蕴结型）	白术	1000g/kg	1.0000	g	日一剂	300.000	g	20.64	15.0000	g	水煎服
5947377	乙肝肝硬化 肝积（湿热蕴结型）	焦山楂	1000g/kg	1.0000	g	日一剂	240.000	g	13.18	12.0000	g	水煎服
5947377	乙肝肝硬化 肝积（湿热蕴结型）	楮实子	1000g/kg	1.0000	g	日一剂	300.000	g	12.36	15.0000	g	水煎服
5947377	乙肝肝硬化 肝积（湿热蕴结型）	茵陈	1000g/kg	1.0000	g	日一剂	300.000	g	8.25	15.0000	g	水煎服
5947377	乙肝肝硬化 肝积（湿热蕴结型）	醋莪术	1000g/kg	1.0000	g	日一剂	180.000	g	5.45	9.0000	g	水煎服
5947377	乙肝肝硬化 肝积（湿热蕴结型）	炒麦芽	1000g/kg	1.0000	g	日一剂	240.000	g	3.74	12.0000	g	水煎服
5947377	乙肝肝硬化 肝积（湿热蕴结型）	茯苓	1000g/kg	1.0000	g	日一剂	300.000	g	13.62	15.0000	g	水煎服
5947377	乙肝肝硬化 肝积（湿热蕴结型）	砂仁	1000g/kg	1.0000	g	日一剂	180.000	g	79.2	9.0000	g	水煎服
5947377	乙肝肝硬化 肝积（湿热蕴结型）	麸神曲	1000g/kg	1.0000	g	日一剂	240.000	g	4.08	12.0000	g	水煎服
5947377	乙肝肝硬化 肝积（湿热蕴结型）	醋鳖甲	1000g/kg	1.0000	g	日一剂	300.000	g	75.9	15.0000	g	水煎服
5947377	乙肝肝硬化 肝积（湿热蕴结型）	炒莱菔子	1000g/kg	1.0000	g	日一剂	300.000	g	9.09	15.0000	g	水煎服
5947377	乙肝肝硬化 肝积（湿热蕴结型）	马鞭草	1000g/kg	1.0000	g	日一剂	300.000	g	3.3	15.0000	g	水煎服
5947377	乙肝肝硬化 肝积（湿热蕴结型）	浙贝片	1000g/kg	1.0000	g	日一剂	180.000	g	32.18	9.0000	g	水煎服
5947377	乙肝肝硬化 肝积（湿热蕴结型）	郁金	1000g/kg	1.0000	g	日一剂	300.000	g	14.43	15.0000	g	水煎服
5947377	乙肝肝硬化 肝积（湿热蕴结型）	醋鸡内金	1000g/kg	1.0000	g	日一剂	300.000	g	9.42	15.0000	g	水煎服
5947377	乙肝肝硬化 肝积（湿热蕴结型）	蛤壳	1000g/kg	1.0000	g	日一剂	300.000	g	3.3	15.0000	g	水煎服
5947377	乙肝肝硬化 肝积（湿热蕴结型）	豆蔻	1000g/kg	1.0000	g	日一剂	180.000	g	17.33	9.0000	g	水煎服
5947378	乙肝肝硬化 肝积（湿热蕴结型）	熊去氧胆酸胶囊	250mg*25粒	####	mg	BID	75.000	粒	772.8	250.0000	mg	P.O

图 6.3　文本形式的原始中医药处方数据

```
1   2   3   4   5   6   7   8   9   10  11  12  13  15  114
20  16  14  9   21  18  22  1   17  23  19  24  25  26  27  28  8
8   32  29  23  27  47  48  10  49  20  9   50  14  24  19  1   51
23  3   52  98  4   9   35  13  53  7   25  12  55  8   56  57
22  71  70  60  23  20  69  24  63  27  62  8   114 61  48  21  58  40  33
71  60  24  40  21  62  58  69  61  8   48  70  63  23  20  22  114 33  27
77  76  27  75  74  21  9   10  60  35  73  8   72  55  23
20  78  83  24  35  32  27  21  1   31  2   8   23  25  26
7   73  11  13  12  8   4   3   52  9   6   57
19  47  82  29  30  8   81  49  80  10  32  63  79  12  20  1
22  51  78  14  25  63  23  20  27  9   26  84  8   83
80  20  1   32  29  95  27  60  82  31  49  19  10  94  93  30  47  92  67  8
81  104 63  21  103 69  78  102 10  14  101 100 22  23  99  98  8   1   20  55  97  96  32
35  55  24  32  63  8   71  20  26  98  97  105 27  62  23  74  10
9   21  108 32  26  31  107 106 3   27  50  8   4   114 1   7
97  26  32  42  9   7   35  8   41  50  34  11
20  1   65  21  29  64  78  49  47  8   14  63  82  83  22  30  19  27
110 26  27  11  4   23  109 87  12  3   9   58  83  56  86  59  8   20
9   74  35  31  27  20  32  62  6   8   21  24  12  23  26
8   1   63  105 27  26  21  35  23  24  72  71  36  55  70
8   63  27  48  71  105 31  26  56  32  1   9   23  10  14  21
115 37  111 93  17  88  66  62  43  10  18  16  96  8   26  77  69
25  110 23  12  4   114 32  1   8   73  11  9   3   112 7   10
20  67  19  105 29  44  30  8   6   9   82  1   63  49  47
74  7   4   45  38  97  9   12  96  20  6   107 110 89  8   114 98
91  50  23  27  8   88  20  116 63  25  112 24  105 71  26  32
58  113 35  31  8   20  50  26  106 32  27  70  62
```

图 6.4　转换后的中医药处方事务数据集

实验数据集中包含 633 条关于肺病和肝病的处方数据，它们源于历史临床数据并保存在传统中医药数据库中。每个处方以记录的形式列举了患者呈现的中医证候、医生的临床诊断以及中医药方包含的所有中草药组分等。为了找到在同类处方中通常使用的中药组对，从中发现新的有价值的核心组对，这里应用基于支持度的聚类算法根据不同证候将数据集划分为 k 个处方类。

为了获得正确的聚类，首先将每一个处方转换成一条事务。这样，中药处方中的每一味中草药对应成为事务中的一个项目。为了解决中草药命名不规范、不一致等问题，中药数据根据国家标准化管理委员会 2015 年批准发布的《中药方剂编码规则及编码》(GB/T 31773—2015)和《中药编码规则及编码》(GB/T 31774—2015)进行规范化和标准化，统一标记为中医编号 ID 的形式(见图 6.4)。这样就形成一个包含 633 条事务，每一事务仅包含若干项目的中医药处方事务数据集。数据集中每个项目的分布都是杂乱无序的，医学工作者很难辨别出可能有价值的知识(见图 6.5)。

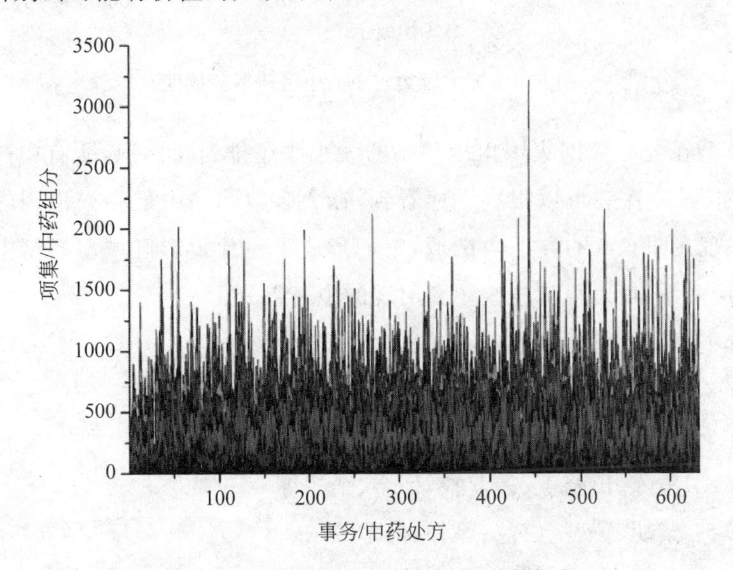

图 6.5　聚类前的传统中医药事务数据集

根据临床研究的实际情况，k 值设置为 2，然后在 ID 转换后的中医药数据集上实施聚类算法，得到两个事务类。将肺病类中的数据作为实验结果示例显示在图 6.6 中。

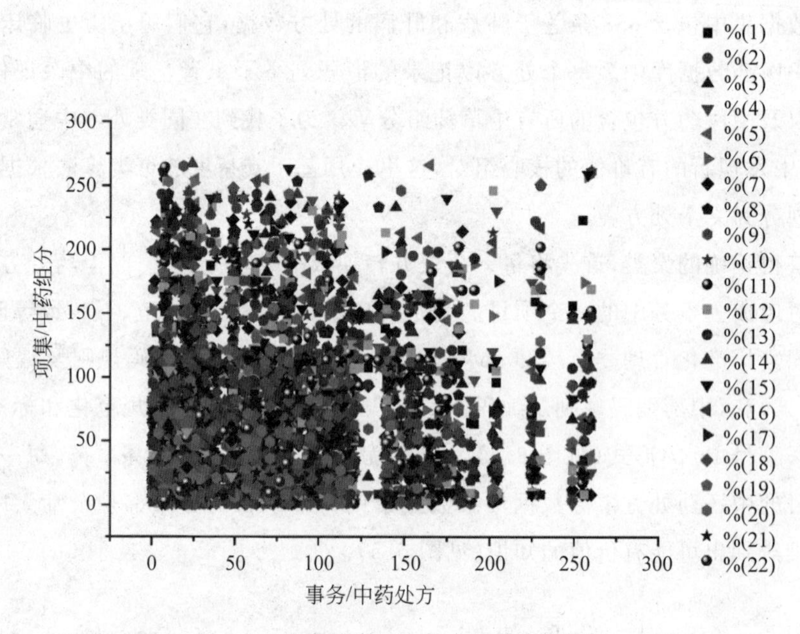

图 6.6　聚类后类 1 中的中医药事务数据

按照中草药在处方数据集中出现比率的大小顺序排列并标识，所有中药组分以不同的形状展现在图 6.6 中。可以很直观地看到，在大多数肺病中最频繁出现的中草药很明显地累积并呈现在图 6.6 的左下角区域，它们形成了一片矩形区域。根据中草药与中医编号 ID 的对应关系，可以得到这些频繁出现的中药组分。

可能组方 1：王不留行、蝉衣、仙人头、大腹皮、砂仁等

可能组方 2：苍术、厚朴、陈皮、茯苓、木香、砂仁、炒莱菔子等

可能组方 3：水红花子、泽兰、山甲珠、桃仁、赤小豆等

可能组方 4：茵陈、田基黄、板蓝根、郁金、柴胡等

可能组方 5：柴胡、黄芩、白蔻、厚朴、白术等

可能组方 6：柴胡、白芍、苍术、厚朴等

……

这些都是比较典型的肺病治疗组方中的部分组分，其中包含着大量的中医协定方。也就是说，这是一般常识性的处方组分，对现代中医新药特药的研发几乎不具有显著现实

意义，因为几乎每一位医生都可能在普通的中医药文献中看到它们。实际上，最具研究价值的是紧挨着一般常识处方组分的那一部分，即因为处方数据集中不确定数据特征的影响而表现为近似频繁模式的那些处方组分。因此，根据实际中医应用，挖掘出有意义、有实用价值的近似频繁模式是该领域的研究重点。

6.3.2　Top-k 近似频繁闭模式挖掘算法性能分析

在传统中医药研究中，对数据进行统计分析常用的商业软件是 SPSS Clementine，其中主要使用经典的 Apriori 算法进行频繁模式完整集合的挖掘。然而，传统的频繁模式挖掘算法在数据分析处理任务中因参数 min_sup 取值的选取问题经常陷入两难的境地。

(1) 在挖掘算法中，一旦设置的最小支持度阈值 min_sup 远小于遵循综合证候和临床诊断的实际经验值，则会导致大量频繁模式喷薄涌现，其中少量有意义的信息就会淹没在这些中医药常识的海洋中。

(2) 相反，如果阈值 min_sup 设置得略高，受累于待处理的不精确数据环境，现存的传统数据挖掘工具(如 SPSS Clementine)很难从大量的频繁片段中恢复出真正的具有实际意义的长频繁模式。

为此，在传统中医药数据集(TCM)上首先运行传统的频繁模式挖掘算法，正如预料，这里得到了大量处方中常见的短频繁模式。然而，出乎预料的是，在这样一个十分明显的稠密数据集中，用数据挖掘工具 SPSS Clementine 获得的是显著“稀疏”的长频繁模式。况且，这样的挖掘结果与当前已知的中医规律或实际临床诊疗结果也不一致，甚至有点冲突。显然，传统的频繁模式挖掘算法在处理容错中医药数据库时失去了原有的优势，在发现近似组方规律和处方中的核心组分时存在障碍，这可能源于算法组织结构自身的局限性。

为了得到较合理的挖掘结果，使用相同的 min_sup，执行近似频繁模式挖掘过程并发现了大量的近似频繁模式(见图 6.7～图 6.10)。然而，数量如此庞大的结果数据干扰了人们的注意，使中医专家无法把全部精力集中在那些最有临床意义、最值得分析的挖掘结果上。

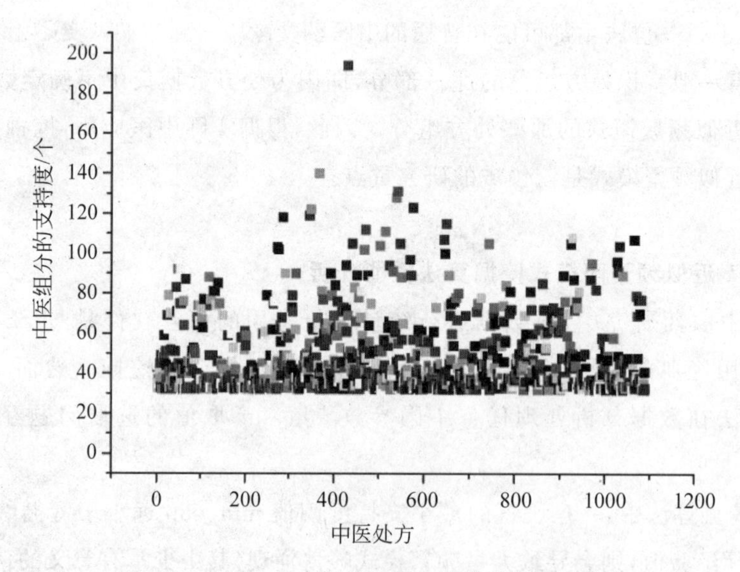

图 6.7　传统中医药数据集类 1 中的近似频繁模式

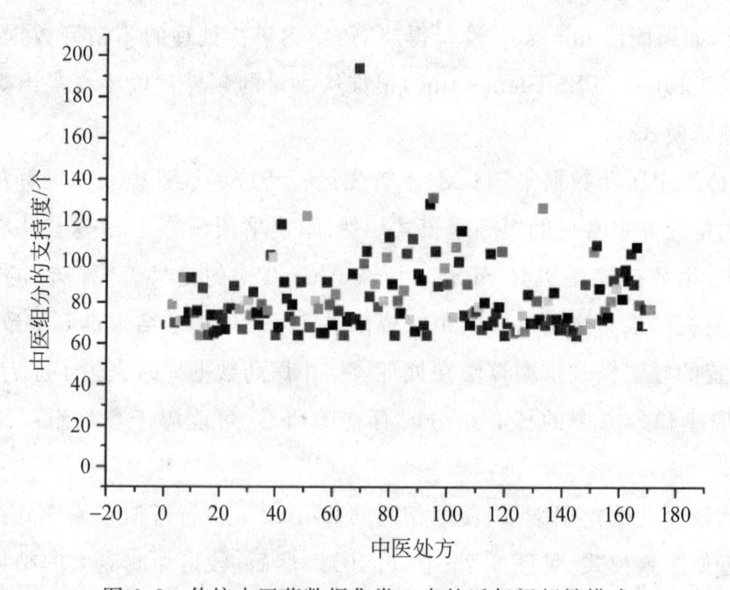

图 6.8　传统中医药数据集类 1 中的近似闭频繁模式

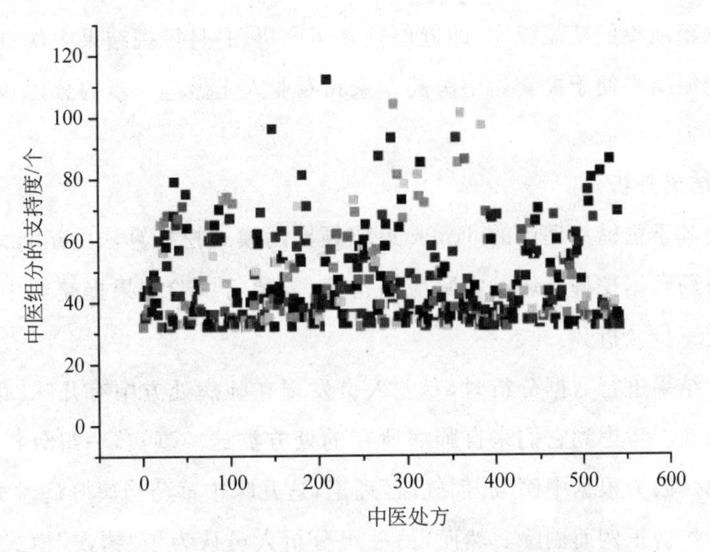

图 6.9　传统中医药数据集类 2 中的近似频繁模式

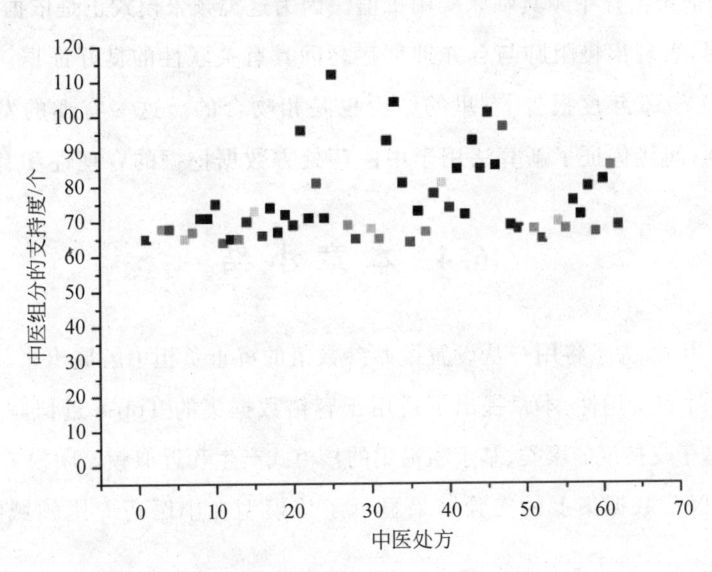

图 6.10　传统中医药数据集类 2 中的近似闭频繁模式

最后，运行基于粗糙集的近似频繁闭模式挖掘算法。毫无疑问，该算法在挖掘质量上赢得了势不可挡的优势。考虑到历史处方中可能存在的潜在错误，基于粗糙集的新算法发现了容错频繁项集的精简版本,即近似频繁闭项集,并且挖掘结果中伪频繁项集是可控的。这样的挖掘结果便于提交给中医药专家和专业人士做进一步的分析和检验。

6.3.3 实验结果分析

为了检验基于粗糙集理论的 Top-*k* 近似频繁闭模式挖掘算法的运行效果,分析该算法在传统中医药数据挖掘领域的实际应用价值,需要将试验结果提交给中医药专家和专业工作者做进一步分析。

在对实验结果进行数据分析时,专业人员发现在肺病处方中有几味"郁证"中草药构成了频繁闭模式。考虑到它们来自肺病所在的处方类这一事实,一组分析人员认为这是一个明显错误。因为根据中医"肝郁气滞"理论,这几味中草药当属肝病验方。于是,这个频繁模式被看作伪正例而剔除。然而,另一组分析人员认为该"错误"模式在针对慢阻肺合并抑郁症的病患治疗中颇具临床实用价值。因为这类频繁模式正是依据中医理论中的"肺主悲"思想,表现出慢阻肺与合并抑郁症之间具有关联性的良好证据。实际上,这一观点与 GOLD 2016 年度报告[236]里的结论也是相吻合的。这一有趣的发现,姑且可以看作一个实例,间接佐证了新算法用于中医药处方数据挖掘的合理性和有效性。

6.4 本章小结

在实际应用中,为了将用户从设置微妙参数值的沉重负担中解放出来,并且为用户提供更好的灵活性和实用性,本章提出了适用于容错数据集的 Top-*k* 近似频繁闭模式挖掘模型,主要由基于支持度的聚类、基于粗糙集的核模式产生和近似频繁闭模式挖掘三部分组成。在传统中医药数据集上的实验结果显示了该模型在中医药应用领域的合理性和有效性。

首先,本章列举了目前容错数据库中频繁模式挖掘面临的主要问题,综述了目前主要的近似频繁模式挖掘算法,分析了其优缺点。然后,本章重点对基于粗糙集理论的 Top-*k* 近似频繁闭模式挖掘模型进行了详细阐述。最后,在实际的传统中医药数据集上,使用不同的频繁模式挖掘方法实施挖掘任务，并对挖掘性能和挖掘质量进行分析比较，结果表明：在不需要提供敏感参数的前提下，新模型能够以精简的形式挖掘出具有实际意义和应用价值的近似频繁闭模式，满足传统中医药数据集的挖掘要求。除了进行方剂组分规律和核心组对分析应用之外，本方法还可以广泛应用于传统中医药数据环境，协助进行新药开发、疾病早期诊断和未病预测等问题的解决。

第7章　总结和展望

频繁模式挖掘是模式识别、机器学习和数据挖掘中的重要研究方向之一，其具体问题在智能营销、在线销售、医学诊断、生物标志物检测以及个性化推荐等现实应用场景中广泛存在。传统的频繁模式挖掘方法在确定数据库上表现出令人满意的效果。然而，在实际应用中，由于受到主观原因的影响或客观条件的限制，致使采集到的数据往往存在着不确定性、不完整性和不精确性。传统的频繁模式挖掘算法无法正确处理这些不确定数据，表现为：挖掘算法的性能严重下降，挖掘结果无法反映实际情况等。因此，深入研究面向不确定数据的频繁模式挖掘技术具有非常重要的实际意义和学术价值。

7.1　本书总结

本书主要针对两类典型的不确定数据(即概率数据和容错数据)进行概率频繁模式挖掘和近似频繁模式挖掘的研究，并应用于不确定的传统中医药数据环境下，从主观不确定性和客观不确定性两个方面提出相应的解决方案，实现基于不确定数据的高效频繁模式挖掘，并通过实验验证了它们的有效性和实用性。现将本书的主要工作介绍如下。

(1) 针对实际应用中存在的各种不确定数据，综述了目前常用的不确定性数据模型和主要的不确定频繁模式挖掘算法，包括不确定频繁项集挖掘、不确定序列模式挖掘、不确定频繁子图模式挖掘、不确定高效用项集挖掘以及不确定加权频繁项集挖掘技术，分析了数据不确定性产生的原因，总结了各种不确定数据模型，指出了各种不确定频繁模式挖掘技术的优缺点，并预测了不确定频繁模式挖掘研究的可能发展方向。

(2) 针对不确定数据的垂直数据格式，提出了一种基于 Eclat 框架的概率频繁项集精确挖掘算法(UBEclat)。首先，基于传统的 Eclat 框架，设计了一种旨在提高算法执行效率的双向处理策略；进而，基于概率频度的定义，针对垂直数据格式提出了概率频繁项集精确挖掘算法。在基准数据集和真实数据集上的对比实验表明，UBEclat 算法能够依据支持度的概率分布，准确挖掘出所有概率频繁项集。这为有效解决精确挖掘概率频繁项集问题提供了新的思路。

(3) 针对概率频繁项集精确挖掘算法执行效率较低、运行时间过长的问题，基于可能性世界理论，提出了一种高效的概率频繁项集近似挖掘算法(NDUEclat)。NDUEclat 算法采用分而治之的方法，应用大数定律优化了挖掘过程，改进了频繁项集挖掘的运行效率。在基准数据集和真实数据集上的多组对比实验也验证了该算法良好的挖掘效果。目前，这也是第一个基于支持度的概率分布、在垂直数据格式的不确定数据库中高效挖掘概率频繁项集的近似算法。

(4) 针对 NP-hard 类的近似频繁模式挖掘问题，探索粗糙集理论在容错数据挖掘中的应用，提出了一种将容错数据库映射为事务信息系统、基于粗糙集理论挖掘近似频繁模式的新方法。依据挖掘出的频繁项目确定决策表中的决策属性；基于粗糙集理论中下近似和上近似概念，确定近似频繁模式的匹配程度。在基准数据集和真实数据集上进行了对比实验，证实了该方法在挖掘的准确率指标上，比以往方法有更好的性能表现。显然，基于粗糙集理论的近似频繁模式挖掘方法为有效解决实际应用中的容错频繁模式挖掘问题提供了新的思路。

(5) 以提高挖掘结果的真实可用性，解决中医药应用领域中的实际问题为目的，针对容错数据库中频繁模式挖掘问题研究了粗糙集理论，提出了一种挖掘 Top-k 近似频繁闭模式的新模型。该模型主要由三部分组成：用聚类算法完成事务类的划分；对同一类中的事务依据粗糙集理论进行属性约简生成核模式；将核模式作为初始种子构建“格”，用分层挖掘的方法搜索近似频繁闭模式。最后，将该模型应用于传统中医药数据集。实验结果表明，新模型可以更精准地表达近似频繁模式，有利于实现基于中医诊疗应用的知识发现。

7.2　研究展望

随着新兴应用的不断涌现，频繁模式挖掘问题涉及的领域越来越广泛和深入，受时间、研究条件所限，本书的很多研究工作有待进一步扩展和提高。今后将在以下几个方面进一步深入研究。

(1) 本书针对不确定数据环境下的频繁模式挖掘方法进行研究并提出了几种算法和模型,并在实验中证实了它们的有效性。然而,这些方法在不同程度上存在着一定缺陷。例如,双向排序策略在某些特定数据集上并没有表现出明显的性能改善;基于粗糙集理论的频繁模式挖掘模型在一定程度上提高了挖掘结果的准确率,但没有给算法的执行效率带来显著优势。因此,这些方法在中医药诊疗领域的应用范围和应用力度存在着一定的局限性。接下来的研究工作中,在提高处方类识别率的前提下,有必要设计更适用的频繁模式挖掘算法保证整体应用效果。此外,本书使用的中医药数据集还不够丰富,与当前中医药数据库的实际情况具有一定的差别,因此,需要继续寻找更全更新的实验数据集,从中提取出新的特征,以提高在实际中医药诊疗应用环境中的检测能力,协助新药开发、疾病早期诊断和未病预测等,这会是更具实际应用价值的研究方向。

(2) 为了直观地反映机体的病理损害程度,现代中医将传统中医药学中"因人而异"的特点和"同身寸"的思想融合,提出"致病当量"的概念,并贯穿于整个诊疗过程之中。因此,在数据挖掘过程中体现这一概念,就需要设计出更适用的频繁模式挖掘方法[237],弥补中医学缺乏定量精确性、认识停留在经验科学层面的不足。2016 年,Liu 等在文献[155]中首次提出两种在不确定数据环境下挖掘高效用项集的有效算法。其中,PHUI-UP 算法适用于事务不确定数据模型,它采用生成-检测框架,逐层挖掘具有高存在概率的高效用项集;PHUI-list 算法采用表结构和集合枚举树直接挖掘高效用项集而无须产生候选项集。这两种算法为探索"致病当量"概念在频繁模式挖掘中的描述问题带来了曙光。在接下来的工作中,研究内容之一就是探索并解决"致病当量"概念在频繁模式挖掘中的描述,为挖掘和发扬中医药学精华提供研究思路。

(3) 在中医药诊疗应用中,一个重要优势就是中医学提倡和推崇"治未病"。为了有助于在临床上达成这一目的,后续研究会探索使用频繁模式挖掘算法发现各致病因素之间的关联[238]。2016 年,文献[170]第一次提出了在不确定数据中挖掘模式间亲密关系的加权频繁项集挖掘方法,即 WUIPM 算法。采用树存储结构,WUIPM 算法借助更多度量参数描述不确定数据与传统事务数据在语义和计算上的差异。这为在中医药数据库中描述烦冗复杂的致病因素、各因素间相互交杂的关联提供了新的思路。总之,在中医诊疗应用中,发现致病因素之间的关系,为治疗未病提供思路和理论支持也是颇具学术价值的研究方向。

参考文献

[1] Han J W, Kamber M. 数据挖掘概念与技术[M]. 范明, 孟小峰, 译. 北京: 机械工业出版社, 2011.

[2] Tan P N, Steinbach M, Kumar V. 数据挖掘导论[M]. 范建, 范宏建, 译. 北京: 人民邮电出版社, 2011.

[3] Aggarwal C C, Philip S Y. A survey of uncertain data algorithms and applications[J]. IEEE Transactions on Knowledge and Data Engineering, 2009, 21(5): 609-623.

[4] 刘文远, 李承芳, 陈子军. 面向不确定数据的概率阈值可见最近邻查询算法[J]. 小型微型计算机系统, 2013, 34(8): 1803-1808.

[5] Zhou A Y, Jin C Q, Wang G R, et al. A survey on the management of uncertain data[J]. Chinese Journal of Computers, 2009, 32(1): 1-16.

[6] 李德毅, 刘常昱, 杜鹢, 等. 不确定性人工智能[J]. 软件学报, 2004, 15(11): 1583-1594.

[7] Cameron J J, Leung C K. Mining frequent patterns from precise and uncertain data[J]. Computing and System Journal(C&S), 2011, 1(1): 3-22.

[8] Poernomo A K, Gopalkrishnan V. Towards efficient mining of proportional fault-tolerant frequent itemsets[C]. Proceedings of the 15th ACM SIGKDD international conference on Knowledge discovery and data mining. ACM, 2009: 697-706.

[9] Yu X M, Li Y Q, Wang H. Mining approximate frequent patterns from noisy databases[C]. 10th International Conference on Broadband and Wireless Computing, Communication and Applications (BWCCA). IEEE, 2015: 400-403.

[10] 王爽, 王国仁. 面向不确定感知数据的频繁项查询算法[J]. 计算机学报, 2013, 36(3): 571-581.

[11] Alves R, Rodriguez-Baena D S, Aguilar-Ruiz J S. Gene association analysis: a survey of frequent pattern mining from gene expression data[J]. Briefings in Bioinformatics, 2010, 11(2): 210-224.

[12] Chin L, Andersen J N, Futreal P A. Cancer genomics: from discovery science to personalized medicine[J]. Nature medicine, 2011, 17(3): 297-303.

[13] Li S. Mapping ancient remedies: applying a network approach to traditional Chinese medicine[J]. Science, 2015, 350(6262): S72-S74.

[14] Li Y, Li R, Ouyang Z, et al. Herb network analysis for a famous TCM doctor's prescriptions on

treatment of rheumatoid arthritis[J]. Evidence-Based Complementary and Alternative Medicine, 2015(6): 451319.

[15] 张伟，王红，孙晓勇，等. 数学与中医[M]. 济南：山东科学技术出版社，2015.

[16] SIGKDD: The community for data mining, data science and analytics [EB/OL]. 2016, http://www.kdd.org/.

[17] 郭鑫，颜一鸣，徐洪智，等. 不确定树数据库中的动态聚类算法[J]. 小型微型计算机系统，2013, 34(6): 1339-1343.

[18] 王晓伟，贾焰，杨树强，等. 存在级不确定数据上的概率 Skyline 计算[J]. 计算机研究与发展，2011, 48(1): 68-76.

[19] Han J, Wang J, Lu Y, et al. Mining top-k frequent closed patterns without minimum support[C]. ICDM 2003. Proceedings of the 2002 IEEE International Conference on Data Mining, IEEE, 2002: 211-218.

[20] Jabbour S, Sais L, Salhi Y. The top-k frequent closed itemset mining using top-k SAT problem[C]. Joint European Conference on Machine Learning and Knowledge Discovery in Databases. Springer Berlin Heidelberg, 2013: 403-418.

[21] Liu X, Mao G J, Sun Y, et al. An algorithm to approximately mine frequent closed itemsets from data streams[J]. Dianzi Xuebao(Acta Electronica Sinica), 2007, 35(5): 900-905.

[22] Agrawal R, Imieliński T, Swami A. Mining association rules between sets of items in large databases[C]. Acm sigmod record. ACM, 1993, 22(2): 207-216.

[23] Agrawal R, Srikant R. Fast algorithms for mining association rules[C]. Proc. 20th int. conf. very large data bases, VLDB. 1994, 1215: 487-499.

[24] Pei J, Han J, Lu H, et al. H-mine: Hyper-structure mining of frequent patterns in large databases[C]. Proceedings IEEE International Conference on Data Mining ICDM. IEEE, 2001: 441-448.

[25] Han J, Pei J, Yin Y. Mining frequent patterns without candidate generation[C]. ACM Sigmod Record. ACM, 2000, 29(2): 1-12.

[26] Zaki M J. Scalable algorithms for association mining[J]. IEEE Transactions on Knowledge and Data Engineering, 2000, 12(3): 372-390.

[27] Hai-Yan Z. An algorithm of frequent item sets mining based on transformation of the frequent

item linked[J]. Journal of Chinese Computer Systems, 2008, 29(7): 1254-1257.

[28] Leung C K S. Frequent itemset mining with constraints[M]. Encyclopedia of Database Systems. Springer US, 2009: 1179-1183.

[29] 梅锦锋. 改进的垂直数据表示的高效频繁项集挖掘算法研究[D]. 广州：中山大学，2007.

[30] 张玉芳，熊忠阳，耿晓斐，等. Eclat算法的分析及改进[J]. 计算机工程，2010，36(23)：28-30.

[31] 熊忠阳，陈培恩，张玉芳. 基于散列布尔矩阵的关联规则Eclat改进算法[J]. 计算机应用研究，2010，27(4)：1323-1325.

[32] 傅向华，陈冬剑，王志强. 基于倒排索引位运算的深度优先频繁项集挖掘[J]. 小型微型计算机系统，2012，33(8)：1747-1751.

[33] 冯培恩，刘屿，邱清盈，等. 提高Eclat算法效率的策略[J]. 浙江大学学报(工学版)，2013，47(2)：223-230.

[34] La P T, Le B, Vo B. Incrementally building frequent closed itemset lattice[J]. Expert Systems with Applications, 2014, 41(6): 2703-2712.

[35] Yen S J, Wu C W, Lee Y S, et al. A fast algorithm for mining frequent closed itemsets over stream sliding window[C]. 2011 IEEE International Conference on Fuzzy Systems (FUZZ), IEEE, 2011: 996-1002.

[36] Pasquier N, Bastide Y, Taouil R, et al. Discovering frequent closed itemsets for association rules[C]. International Conference on Database Theory. Springer Berlin Heidelberg, 1999: 398-416.

[37] Zaki M J, Hsiao C J. CHARM: An efficient algorithm for closed itemset mining[C]. SDM, 2002, 2: 457-473.

[38] Wang J, Han J, Pei J. Closet+: Searching for the best strategies for mining frequent closed itemsets[C]. Proceedings of the ninth ACM SIGKDD international conference on Knowledge discovery and data mining. ACM, 2003: 236-245.

[39] Lucchesse C, Orlando S, Perego R. DCI-Closed: a fast and memory efficient algorithm to mine frequent closed itemsets[C]. Proceedings of the IEEE ICDM Workshop on Frequent Itemset Mining Implementations (FIMI 2004), 2004.

[40] 宋威，杨炳儒，徐章艳，等. 一种改进的频繁闭项集挖掘算法[J]. 计算机研究与发展，2008，45(2)：278-286.

[41] Burdick D, Calimlim M, Flannick J, et al. Mafia: A maximal frequent itemset algorithm[J].

IEEE transactions on knowledge and data engineering，2005，17(11)：1490-1504.

[42] Gouda K，Zaki M J. Genmax：An efficient algorithm for mining maximal frequent itemsets[J]. Data Mining and Knowledge Discovery，2005，11(3)：223-242.

[43] Bayardo Jr R J. Efficiently mining long patterns from databases[J]. ACM Sigmod Record，1998，27(2)：85-93.

[44] Burdick D，Calimlim M，Gehrke J. MAFIA：A maximal frequent itemset algorithm for transactional databases [C]. Proceedings of the 17th International Conference on Data Engineering，IEEE，2001：443-452.

[45] Yang G. The complexity of mining maximal frequent itemsets and maximal frequent patterns[C]. Proceedings of the tenth ACM SIGKDD international conference on Knowledge discovery and data mining. ACM，2004：344-353.

[46] Ramesh G，Maniatty W A，Zaki M J. Feasible itemset distributions in data mining：theory and application[C]. Proceedings of the twenty-second ACM SIGMOD-SIGACT-SIGART symposium on Principles of database systems. ACM，2003：284-295.

[47] Lucchese C，Orlando S，Perego R. A Unifying Framework for Mining Approximate Top-Binary Patterns[J]. IEEE Transactions on Knowledge and Data Engineering，2014，26(12)：2900-2913.

[48] Lucchese C，Orlando S，Perego R. Mining top-k patterns from binary datasets in presence of noise [J]. SIAM International Conference on Data Mining，2010：165-176.

[49] Pyun G，Yun U. Mining top-k frequent patterns with combination reducing techniques[J]. Applied Intelligence，2014，41(1)：76-98.

[50] Wang J，Han J，Lu Y，et al. TFP：An efficient algorithm for mining top-k frequent closed itemsets[J]. IEEE Transactions on Knowledge and Data Engineering，2005，17(5)：652-663.

[51] Chuang K T，Huang J L，Chen M S. Mining top-k frequent patterns in the presence of the memory constraint[J]. The VLDB Journal，2008，17(5)：1321-1344.

[52] Cormode G，Li F，Yi K. Semantics of ranking queries for probabilistic data and expected ranks[C]. IEEE 25th International Conference on Data Engineering. IEEE，2009：305-316.

[53] Xin D，Cheng H，Yan X，et al. Extracting redundancy-aware top-k patterns[C]. Proceedings of the 12th ACM SIGKDD international conference on Knowledge discovery and data mining. ACM，2006：444-453.

[54] Afrati F, Gionis A, Mannila H. Approximating a collection of frequent sets[C]. Proceedings of the tenth ACM SIGKDD international conference on Knowledge discovery and data mining. ACM, 2004: 12-19.

[55] Salam A, Khayal M S H. Mining top-k frequent patterns without minimum support threshold[J]. Knowledge and information systems, 2012, 30(1): 57-86.

[56] Lin J, Li Y. Finding approximate frequent patterns in streaming medical data[C]. 2010 IEEE 23rd International Symposium on Computer-Based Medical Systems (CBMS), IEEE, 2010: 13-18.

[57] Pyun G, Yun U. Performance evaluation of approximate frequent pattern mining based on probabilistic technique[J]. Journal of Internet Computing and Services, 2013, 14(1): 63-69.

[58] Yun U, Yoon E. An efficient approach for mining weighted approximate closed frequent patterns considering noise constraints[J]. International Journal of Uncertainty, Fuzziness and Knowledge-Based Systems, 2014, 22(06): 879-912.

[59] Yang C, Fayyad U, Bradley P S. Efficient discovery of error-tolerant frequent itemsets in high dimensions[C]. Proceedings of the seventh ACM SIGKDD international conference on Knowledge discovery and data mining. ACM, 2001: 194-203.

[60] Steinbach M, Tan P N, Kumar V. Support envelopes: a technique for exploring the structure of association patterns[C]. Proceedings of the tenth ACM SIGKDD international conference on Knowledge discovery and data mining. ACM, 2004: 296-305.

[61] Seppänen J K, Mannila H. Dense itemsets[C]. Proceedings of the tenth ACM SIGKDD international conference on Knowledge discovery and data mining. ACM, 2004: 683-688.

[62] Liu J, Paulsen S, Sun X, et al. Mining approximate frequent itemsets in the presence of noise: algorithm and analysis[C]. SDM, 2006, 6: 405-416.

[63] Borgelt C. Frequent item set mining[J]. Wiley Interdisciplinary Reviews: Data Mining and Knowledge Discovery, 2012, 2(6): 437-456.

[64] Qiao S, Tang C, Jin H, et al. KISTCM: knowledge discovery system for traditional Chinese medicine[J]. Applied Intelligence, 2010, 32(3): 346-363.

[65] Leung C K S, Hao B, Brajczuk D A. Mining uncertain data for frequent itemsets that satisfy aggregate constraints[C]. Proceedings of the 2010 ACM Symposium on Applied Computing.

ACM，2010：1034-1038.

[66] Wang L，Wu P，Chen H. Finding probabilistic prevalent colocations in spatially uncertain data sets[J]. IEEE Transactions on Knowledge and Data Engineering，2013，25(4)：790-804.

[67] Boulos J，Dalvi N，Mandhani B，et al. MYSTIQ：a system for finding more answers by using probabilities[C]. Proceedings of the 2005 ACM SIGMOD international conference on Management of data. ACM，2005：891-893.

[68] Bernecker T，Kriegel H P，Renz M，et al. Probabilistic frequent itemset mining in uncertain databases[C]. Proceedings of the 15th ACM SIGKDD international conference on Knowledge discovery and data mining. ACM，2009：119-128

[69] Muzammal M，Raman R. On probabilistic models for uncertain sequential pattern mining[C]. International Conference on Advanced Data Mining and Applications. Springer Berlin Heidelberg，2010：60-72.

[70] 周傲英，金澈清，王国仁，等. 不确定性数据管理技术综述[J]. 计算机学报，2009，32(1)：1-16.

[71] 蒋涛，高云君，张彬，等. 不确定数据查询处理[J]. 电子学报，2013，41(5)：966-976.

[72] Lee G，Yun U. A new efficient approach for mining uncertain frequent patterns using mininum data structure without false positvies[J]. Future Generation Computer Systems，2017，68：89-110.

[73] Aggarwal C C. Trio a system for data uncertainty and lineage[M]. Managing and Mining Uncertain Data，Springer US，2009：1-35.

[74] Benjelloun O，Sarma A D，Halevy A，et al. Databases with uncertainty and lineage[J]. The VLDB Journal，2008，17(2)：243-264.

[75] Antova L，Koch C，Olteanu D. From complete to incomplete information and back[C]. Proceedings of the 2007 ACM SIGMOD international conference on Management of data. ACM，2007：713-724.

[76] Singh S，Mayfield C，Mittal S，et al. Orion 2.0：native support for uncertain data[C]. Proceedings of the 2008 ACM SIGMOD international conference on Management of data. ACM，2008：1239-1242.

[77] Fuxman A，Fazli E，Miller R J. Conquer：Efficient management of inconsistent databases[C]. Proceedings of the 2005 ACM SIGMOD international conference on Management of data. ACM，

2005：155-166.

[78] Chui C K，Kao B，Hung E. Mining frequent itemsets from uncertain data[C]. Pacific-Asia Conference on Knowledge Discovery and Data Mining. Springer Berlin Heidelberg，2007：47-58.

[79] Aggarwal C C，Li Y，Wang J，et al. Frequent pattern mining with uncertain data[C]. Proceedings of the 15th ACM SIGKDD international conference on Knowledge discovery and data mining. ACM，2009：29-38.

[80] Abdelmegid L A，Elsharkawi M E，Elfangary L M，et al. Vertical mining of frequent patterns from uncertain data[J]. Data Structure and Software Engineering：Challenges and Improvements，2016：256.

[81] Leung C K S，Sun L. Equivalence class transformation based mining of frequent itemsets from uncertain data[C]. Proceedings of the 2011 ACM Symposium on Applied Computing. ACM，2011：983-984.

[82] Leung C K S，Tanbeer S K，Budhia B P，et al. Mining probabilistic datasets vertically[C]. Proceedings of the 16th International Database Engineering & Applications Sysmposium. ACM，2012：199-204.

[83] Calders T，Garboni C，Goethals B. Efficient pattern mining of uncertain data with sampling[C]. Pacific-Asia Conference on Knowledge Discovery and Data Mining. Springer Berlin Heidelberg，2010：480-487.

[84] Leung C K S，Mateo M A F，Brajczuk D A. A tree-based approach for frequent pattern mining from uncertain data[C]. Pacific-Asia Conference on Knowledge Discovery and Data Mining. Springer Berlin Heidelberg，2008：653-661.

[85] Bernecker T，Kriegel H P，Renz M，et al. Probabilistic frequent pattern growth for itemset mining in uncertain databases[C]. International Conference on Scientific and Statistical Database Management. Springer Berlin Heidelberg，2012：38-55.

[86] Chui C K，Kao B. A decremental approach for mining frequent itemsets from uncertain data[C]. Pacific-Asia Conference on Knowledge Discovery and Data Mining. Springer Berlin Heidelberg，2008：64-75.

[87] Leung C K S，Tanbeer S K. Fast tree-based mining of frequent itemsets from uncertain data[C]. International Conference on Database Systems for Advanced Applications. Springer Berlin

Heidelberg, 2012: 272-287.

[88] Song M, Rajasekaran S. A transaction mapping algorithm for frequent itemsets mining[J]. IEEE transactions on Knowledge and Data Engineering, 2006, 18(4): 472-481.

[89] Agrawal R, Srikant R. Mining sequential patterns[C]. Proceedings of the Eleventh International Conference on Data Engineering, IEEE, 1995: 3-14.

[90] Muzammal M, Raman R. On probabilistic models for uncertain sequential pattern mining[J]. Advanced Data Mining and Applications, 2010: 60-72.

[91] Wright A P, Wright A T. McCoy A B, et al. The use of sequential pattern mining to predict next prescribed medications[J]. Journal of biomedical informatics, 2015, 53: 73-80.

[92] Hassanzadeh O, Miller R J. Creating probabilistic databases from duplicated data. The VLDB Journal,2009, 18(5), 1141-1166.

[93] Wikipedia: http://en. wikipedia. org/wiki/anpr | Wikipedia, the free encyclopedia (2010), Online; accessed 30-April-2010.

[94] Khoussainova, N, Balazinska M, Suciu D. Probabilistic event extraction from RFID data[C]. IEEE International Conference on Data Mining. 2008: 1480-1482.

[95] Zhao Q, Bhowmick S S. Mining sequential patterns: A survey[J]. Technical Report CAIS Nanyang Technological University Singapore, 2003,1: 26.

[96] Srikant R, Agrawal R. Mining sequential patterns: Generalizations and performance improvements[J]. International Conference on Extending Database Technology. Springer, Berlin, Heidelberg, 1996: 1-17.

[97] Zaki M J. SPADE: An efficient algorithm for mining frequent sequences[J]. Machine Learning, 2001, 42(1): 31-60.

[98] Han J, Pei J, Mortazavi-Asl B, et al. FreeSpan: frequent pattern-projected sequential pattern mining[C]. Proceedings of the sixth ACM SIGKDD international conference on Knowledge discovery and data mining. ACM, 2000: 355-359.

[99] Han J, Pei J, Mortazavi-Asl B, et al. Prefixspan: Mining sequential patterns efficiently by prefix-projected pattern growth [C]. Proceedings of the 17th international conference on data engineering. 2001: 215-224.

[100] Yan X, Han J. gspan: Graph-based substructure pattern mining[C]. Proceedings of 2002 IEEE

International Conference on Data Mining. IEEE，2002：721-724.

[101] Lin M Y，Lee S Y. Fast discovery of sequential patterns by memory indexing[C]. International Conference on Data Warehousing and Knowlede Discovery. Spring，Berlin，Heidelberg，2002：150-160.

[102] Garofalakis M N，Rastogi R，Shim K. SPIRIT：Sequential pattern mining with regular expression constraints[C]. VLDB. 1999，99：7-10.

[103] Zhou L，Qin B，Wang Y，et al. Research on parallel algorithm for sequential pattern mining[C]. Data Mining，Intrusion Detection，Information Assurance，and Data Networks Security. 2008，6973：26.

[104] Jinlin W，Xi C，Kefa Z，et al. Parallel Research of Sequential Pattern Data Mining Algorithm [C]. International Conference on Computer Science and Software Engineering. IEEE，2008，4：348-353.

[105] 邹翔，张巍，刘洋，等. 分布式序列模式发现算法的研究[J]. 软件学报，2005，16(7)：1262-1269.

[106] Pinto H，Han J，Pei J，et al. Multi-dimensional sequential pattern mining[C]. Proceedings of the tenth international conference on Information and knowledge management. ACM，2001：81-88.

[107] Zhu F，Yan X，Han J，et al. Efficient discovery of frequent approximate sequential patterns[C]. Seventh IEEE International Conference on Data Mining. IEEE，2007：751-756.

[108] Sun X，Orlowska M E，Li X. Introducing uncertainty into pattern discovery in temporal event sequences[C]. Third IEEE International Conference on Data Mining. IEEE，2003：299-306.

[109] Yang J，Wang W，Yu P S，et al. Mining long sequential patterns in a noisy environment[C]. Proceedings of the 2002 ACM SIGMOD international conference on Management of data. ACM，2002：406-417.

[110] Muzammal M，Raman R. Uncertainty in Sequential Pattern Mining[C]. BNCOD. 2010，6121：147-150.

[111] Muzammal M，Raman R. Mining sequential patterns from probabilistic databases[J]. Advances in Knowledge Discovery and Data Mining，2011：210-221.

[112] Muzammal M，Raman R. Mining sequential patterns from probabilistic databases[J]. Knowledge

and Information Systems，2015，44(2)：325-358.

[113] Hooshadat M，Bayat S，Naeimi P，et al. Uapriori：an algorithm for finding sequential patterns in probabilistic data[J]. UMKEDM. World Scientific，2012：907-912.

[114] Zhao Z，Yan D，Ng W. Mining probabilistically frequent sequential patterns in uncertain databases[C]. Proceedings of the 15th international conference on extending database technology. ACM，2012：74-85.

[115] Li Y，Bailey J，Kulik L，et al. Mining probabilistic frequent spatio-temporal sequential patterns with gap constraints from uncertain databases[C]. IEEE 13th International Conference on Data Mining. IEEE，2013：448-457.

[116] Wan L，Chen L，Zhang C. Mining frequent serial episodes over uncertain sequence data[C]. Proceedings of the 16th International Conference on Extending Database Technology. ACM，2013：215-226.

[117] Achar A，Ibrahim A，Sastry P S. Pattern-growth based frequent serial episode discovery[J]. Data & Knowledge Engineering，2013，87：91-108.

[118] Ge J，Xia Y，Wang J. Mining uncertain sequential patterns in iterative mapReduce[C]. Pacific-Asia Conference on Knowledge Discovery and Data Mining. Springer，Cham，2015：243-254.

[119] Aydin B，Angryk R A. A graph-based approach to spatiotemporal event sequence mining[C]. IEEE 16th International Conference on Data Mining Workshops（ICDMW）. IEEE，2016：1090-1097.

[120] Fournier V P，Lin J C W，Kiran R U，et al. A survey of sequential pattern mining[J]. Data Science and Pattern Recognition，2017，1(1)：54-77.

[121] Zhang B，Lin J C W，Fournier-Viger P，et al. Mining of high utility-probability sequential patterns from uncertain databases[J]. Plos one，2017，12(7)：e0180931.

[122] Lin J C W，Gan W，Fournier Viger P，et al. Weighted frequent itemset mining over uncertain databases[J]. Applied Intelligence，2016，44(1)：232-250.

[123] S. Asthana，O. D. King，F. D. Gibbons，et al. Predicting protein complex membership using probabilistic network reliability[J]. Genome Research，2004，14(6)：1170-1175.

[124] Ghosh J，Ngo H Q，Yoon S，et al. On a routing problem within probabilistic graphs and its application to intermittently connected networks[C]. Infocom IEEE International Conference on

Computer Communications IEEE, 2007: 1721-1729.

[125] Nijssen S, Kok J N. The gaston tool for frequent subgraph mining[J]. Electronic Notes in Theoretical Computer Science, 2005, 127(1): 77-87.

[126] KURAMOCHI M, KARYPIS G. Frequent subgraph discovery[C]. Proceedings of the 2001 IEEE International Conference on Data Mining. Washington, DC: IEEE Computer Society, 2001: 313-320.

[127] VANETIK N, GUDES E, SHIMONY S E. Computing frequent graph patterns from semistrnctured data. Proceedings of the 2002 IEEE International Conference on Data Mining, Washington, DC: IEEE Computer Society, 2002: 458-465.

[128] Inokuchi A, Washio T, Okada T, et al. Applying the apriori based graph mining method to mutagenesis data analysis[J]. Journal of Computer Aided Chemistry, 2001, 2: 87-92.

[129] Mandke S S, Sonawane S. Extraction of Frequent Subgraphs from Graph Database[J]. IJRCCT, 2014, 3(3): 309-315.

[130] Yan X, Han J. gspan: Graph-based substructure pattern mining[C]. Proceedings of the 2002 IEEE International Conference on Data Mining. IEEE, 2002: 721-724.

[131] Huan J, Wang W, Prins J. Efficient mining of frequent subgraphs in the presence of isomorphism[C]. Third IEEE International Conference on Data Mining. IEEE, 2003: 549-552.

[132] 邹兆年. 非确定图数据的挖掘算法研究[D],哈尔滨:哈尔滨工业大学,2010.

[133] Hintsanen P. The most reliable subgraph problem[C]. PKDD. 2007: 471-478.

[134] De Raedt L. Logical and relational learning[M]. Springer Science & Business Media, 2008.

[135] Hintsanen P, Toivonen H. Finding reliable subgraphs from large probabilistic graphs[J]. Data Mining and Knowledge Discovery, 2008, 17(1): 3-23.

[136] Hintsanen P. Simulation and graph mining tools for improving gene mapping efficiency[J]. 2011.

[137] Jin R, Liu L, Aggarwal C C. Discovering highly reliable subgraphs in uncertain graphs[C]. Proceedings of the 17th ACM SIGKDD international conference on Knowledge discovery and data mining. ACM, 2011: 992-1000.

[138] 邹兆年,李建中,高宏,等. 从不确定图中挖掘频繁子图模式[J]. 软件学报,2009,20(11): 2965-2976.

[139] Zou Z, Li J, Gao H, et al. Frequent subgraph pattern mining on uncertain graph data[C]. Proceedings of the 18th ACM conference on Information and knowledge management. ACM, 2009: 583-592.

[140] Zou Z, Gao H, Li J. Discovering frequent subgraphs over uncertain graph databases under probabilistic semantics[C]. Proceedings of the 16th ACM SIGKDD international conference on Knowledge discovery and data mining. ACM, 2010: 633-642.

[141] Li J, Zou Z, Gao H. Mining frequent subgraphs over uncertain graph databases under probabilistic semantics[J]. The VLDB Journal,2012, 21(6): 753-777.

[142] 王文龙,李建中. 一种有效的在不确定图数据库中挖掘频繁子图模式的 MUSIC 算法[J]. 智能计算与应用, 2013, 3(5):20-23.

[143] 韩蒙,张炜,李建中. RAKING——一种高效的不确定图 K-极大频繁模式挖掘算法[J],计算机学报,2010,33(8),1387-1395.

[144] Han Meng, Li Jianzhong, ZOU Zhaonian. Finding K close subgraphs in an uncertain graph. Journal of Frontiers of Computer Science and Technology, 2011, 5(9): 791-803.

[145] 邹兆年,朱镕. 大规模不确定图上的 Top-k 极大团挖掘算法[J]. 计算机学报, 2013,36(10): 2146-2155.

[146] Parchas P, Gullo F, Papadias D, et al. The pursuit of a good possible world: extracting representative instances of uncertain graphs[C]. Proceedings of the 2014 ACM SIGMOD international conference on management of data. ACM, 2014: 967-978.

[147] Zou Z, Zhu R. Truss decomposition of uncertain graphs[J]. Knowledge and Information Systems, 2017, 50(1): 197-230.

[148] Lin J C W, Gan W, Fournier V P, et al. Mining potential high-utility itemsets over uncertain databases[C]. Proceedings of the ASE BigData & SocialInformatics 2015. ACM, 2015: 25.

[149] Lan Y, Wang Y, Wang Y, et al. Mining high utility itemsets over uncertain databases[C]. 2015 International Conference on Cyber-Enabled Distributed Computing and Knowledge Discovery (CyberC). IEEE, 2015: 235-238.

[150] Chan R, Yang Q, Shen Y D. Mining high utility itemsets[C]. ICDM 2003, Third IEEE International Conference on Data Mining. IEEE, 2003: 19-26.

[151] Yao H, Hamilton H J, Butz C J. A foundational approach to mining itemset utilities from databases[C]. Proceedings of the 2004 International Conference on Data Mining. Society for Industrial and Applied Mathematics, 2004: 482-486.

[152] Liu Y, Liao W, Choudhary A N. A Two-Phase Algorithm for Fast Discovery of High Utility Itemsets[C]. PAKDD. 2005, 3518: 689-695.

[153] Ahmed C F, Tanbeer S K, Jeong B S, et al. Efficient tree structures for high utility pattern mining in incremental databases[J]. IEEE Transactions on Knowledge and Data Engineering, 2009, 21(12): 1708-1721.

[154] Liu M, Qu J. Mining high utility itemsets without candidate generation[C]. Proceedings of the 21st ACM international conference on Information and knowledge management. ACM, 2012: 55-64.

[155] Lin J C W, Gan W, Fournier V P, et al. Efficient algorithms for mining high-utility itemsets in uncertain databases[J]. Knowledge-Based Systems, 2016, 96: 171-187.

[156] Lin J C W, Gan W, Fournier V P, et al. Mining potential high-utility itemsets over uncertain databases[C]. Proceedings of the ASE BigData & SocialInformatics 2015. ACM, 2015: 25.

[157] Bui N, Vo B, Huynh V N, et al. Mining closed high utility itemsets in uncertain databases[C]. Proceedings of the Seventh Symposium on Information and Communication Technology. ACM, 2016: 7-14.

[158] Wang J, Liu F, Jin C. PHUIMUS: A Potential High Utility Itemsets Mining Algorithm Based on Stream Data with Uncertainty[J]. Mathematical Problems in Engineering, 2017.

[159] Zhang B, Lin J C W, Fournier V P, et al. Mining of high utility-probability sequential patterns from uncertain databases[J]. Plos one, 2017, 12(7): e0180931.

[160] Duong Q H, Liao B, Fournier V P, et al. An efficient algorithm for mining the top-k high utility itemsets, using novel threshold raising and pruning strategies[J]. Knowledge-Based Systems, 2016, 104: 106-122.

[161] Lin J C W, Gan W, Fournier V P, et al. Weighted frequent itemset mining over uncertain databases[J]. Applied Intelligence, 2016, 44(1): 232-250.

[162] Cai C H, Fu A W C, Cheng C H, et al. Mining association rules with weighted items[C].

Proceedings of the IDEAS International Conference on Database Engineering and Applications Symposium, IEEE, 1998: 68-77.

[163] Wang W, Yang J, Yu P S. Efficient mining of weighted association rules (WAR)[C]. Proceedings of the sixth ACM SIGKDD international conference on Knowledge discovery and data mining. ACM, 2000: 270-274.

[164] Tao F, Murtagh F, Farid M. Weighted association rule mining using weighted support and significance framework[C]. Proceedings of the ninth ACM SIGKDD international conference on Knowledge discovery and data mining. ACM, 2003: 661-666.

[165] Yun U, Leggett J J. WFIM: weighted frequent itemset mining with a weight range and a minimum weight[C]. Proceedings of the 2005 SIAM International Conference on Data Mining. Society for Industrial and Applied Mathematics, 2005: 636-640.

[166] Vo B, Coenen F, Le B. A new method for mining Frequent Weighted Itemsets based on WIT-trees[J]. Expert Systems with Applications, 2013, 40(4): 1256-1264.

[167] Lan G C, Hong T P, Lee H Y, et al. Tightening upper bounds for mining weighted frequent itemsets[J]. Intelligent Data Analysis, 2015, 19(2): 413-429.

[168] Nguyen H, Vo B, Nguyen M, et al. An efficient algorithm for mining frequent weighted itemsets using interval word segments[J]. Applied Intelligence, 2016, 45(4): 1008-1020.

[169] Lin J C W, Gan W, Fournier-Viger P, et al. Efficient mining of weighted frequent itemsets in uncertain databases[M]. Machine Learning and Data Mining in Pattern Recognition. Springer International Publishing, 2016: 236-250.

[170] Ahmed A U, Ahmed C F, Samiullah M, et al. Mining interesting patterns from uncertain databases[J]. Information Sciences, 2016, 354: 60-85.

[171] Gan W, Lin J C W, Fournier V P, et al. Mining recent high expected weighted itemsets from uncertain databases[C]. Asia-Pacific Web Conference. Springer International Publishing, 2016: 581-593.

[172] Gan W, Lin J C W, Fournier V P, et al. Extracting recent weighted-based patterns from uncertain temporal databases[J]. Engineering Applications of Artificial Intelligence, 2017, 61: 161-172.

[173] Lin J C W, Gan W, Fournier V P, et al. Efficiently mining frequent itemsets with weight and recency constraints[J]. Applied Intelligence, 2017: 1-24.

[174] Yu X M, Wang H, Zheng X M. Mining top-*k* approximate closed patterns in an imprecise database[J]. International Journal of Grid and Utility Computing, 2018, 9(2): 97-107.

[175] Yu X M, Wang H, Zheng X W. Vertical mining probabilistic frequent itemsets from uncertain database[J]. Journal of Computational Information System, 2014, 10(22): 9813-9820.

[176] Cavallo R, Pittarelli M. The theory of probabilistic databases[J]. International Conference on Very Lage Data Bases, 1987, 6(2): 71-81.

[177] Nilesh D, Dan S. Efficient query evaluation on probabilistic databases[J]. VLDB, 2007, 16(4): 523-544.

[178] Wang L, Cheng R, Lee S D, et al. Accelerating probabilistic frequent itemset mining: a model-based approach[C]. Proceedings of the 19th ACM international conference on Information and knowledge management. ACM, 2010: 429-438.

[179] Wang L, Cheung D W L, Cheng R, et al. Efficient mining of frequent item sets on large uncertain databases[J]. IEEE Transactions on Knowledge and Data Engineering, 2012, 24(12): 2170-2183.

[180] Fournier-Viger P, Gomariz A, Gueniche T, et al. SPMF: a java open-source pattern mining library[J]. The Journal of Machine Learning Research, 2014, 15(1): 3389-3393.

[181] Sun L, Cheng R, Cheung D W, et al. Mining uncertain data with probabilistic guarantees[C]. Proceedings of the 16th ACM SIGKDD international conference on Knowledge discovery and data mining. ACM, 2010: 273-282.

[182] Tong Y, Chen L, Cheng Y, et al. Mining frequent itemsets over uncertain databases[J]. Proceedings of the VLDB Endowment, 2012, 5(11): 1650-1661.

[183] Bernecker T, Cheng R, Cheung D W, et al. Model-based probabilistic frequent itemset mining [J]. Knowledge and Information Systems, 2013, 37(1): 181-217.

[184] Tong Y, Chen L, Ding B. Discovering threshold-based frequent closed itemsets over probabilistic data[C]. The 28th International Conference on Data Engineering. IEEE, 2012: 270-281.

[185] Tang P, Peterson E A. Mining probabilistic frequent closed itemsets in uncertain databases[C].

Proceedings of the 49th Annual Southeast Regional Conference. ACM, 2011: 86-91.

[186] Zhang Q, Li F, Yi K. Finding frequent items in probabilistic data[C]. Proceedings of the 2008 ACM SIGMOD international conference on Management of data. ACM, 2008: 819-832.

[187] Muzammal M. Mining sequential patterns from probabilistic databases [D]. The United Kingdom: Department of computer science, Univercity of Leicester, 2012.

[188] Bernecker T, Cheng R, Cheung D W, et al. Model-based probabilistic frequent itemset mining[J]. Knowledge and Information Systems, 2013, 37(1): 181-217.

[189] Wang L, Cheng R, Lee S D, et al. Accelerating probabilistic frequent itemset mining: a model-based approach[C]. Proceedings of the 19th ACM international conference on Information and knowledge management, ACM, 2010: 429-438.

[190] Calders T, Garbini C, Goethals B. Approximation of Frequentness Probability of Itemsets in Uncertain Data[C]. ICDM, 2010:749-754.

[191] Leskovec J, Rajaraman A, Ullman J D. Mining of massive datasets[M]. Cambridge: Cambridge University Press, 2014.

[192] Yu X, Wang H, Zheng X, et al. Effective algorithms for vertical mining probabilistic frequent patterns in uncertain mobile environments[J]. International Journal of Ad Hoc and Ubiquitous Computing, 2016, 23(3-4): 137-151.

[193] Liu J, Paulsen S, Sun X, et al. Mining Approximate Frequent Itemsets In the Presence of Noise: Algorithm and Analysis[C]. SDM,2006, 6: 405-416.

[194] Han J, Cheng H, Xin D, et al. Frequent pattern mining: current status and future directions[J]. Data Mining and Knowledge Discovery, 2007, 15(1): 55-86.

[195] Liu J, Paulsen S, Wang W, et al. Mining approximate frequent itemsets from noisy data[C]. The 5th IEEE International Conference on Data Mining. IEEE, 2005: 4.

[196] Yun U, Ryu K H. Approximate weighted frequent pattern mining with/without noisy environments[J]. Knowledge-Based Systems, 2011, 24(1): 73-82.

[197] Jerez J M, Molina I, García-Laencina P J, et al. Missing data imputation using statistical and machine learning methods in a real breast cancer problem[J]. Artificial intelligence in medicine, 2010, 50(2): 105-115.

[198] Nakagawa S, Freckleton R P. Missing inaction: the dangers of ignoring missing data[J]. Trends in Ecology & Evolution, 2008, 23(11): 592-596.

[199] Lin T Y, Cercone N. Rough sets and data mining: Analysis of imprecise data[M]. New York: Springer Science & Business Media, 2012.

[200] Pawlak Z, Rough S. Theoretical aspects of reasoning about data [M]. Nonvell, MA: Kluwer, 1991.

[201] Polkowski L, Kacprzpk J, Skowron A. Rough sets in knowledge discovery 2: applications, case studies and software systems[M]. Physica-Verlay, 2013.

[202] Wang X, Yang J, Teng X, et al. Feature selection based on rough sets and particle swarm optimization[J]. Pattern Recognition Letters, 2007, 28(4): 459-471.

[203] Qian J, Miao D Q, Zhang Z H, et al. Hybrid approaches to attribute reduction based on indiscernibility and discernibility relation[J]. International Journal of Approximate Reasoning, 2011, 52(2): 212-230.

[204] Jain A K. Data clustering: 50 years beyond K-means[J]. Pattern recognition letters, 2010, 31(8): 651-666.

[205] Nguyen H S. Scalable classification method based on rough sets[C]. International Conference on Rough Sets and Current Trends in Computing. Springer Berlin Heidelberg, 2002: 433-440.

[206] Thangavel K, Shen Q, Pethalakshmi A. Application of clustering for feature selection based on rough set theory approach[J]. AIML Journal, 2006, 6(1): 19-27.

[207] Li D, Deogun J, Spaulding W, et al. Towards missing data imputation: a study of fuzzy k-means clustering method [C]. International Conference on Rough Sets and Current Trends in Computing. Springer Berlin Heidelberg, 2004: 573-579.

[208] Herawan T, Deris M M, Abawajy J H. A rough set approach for selecting clustering attribute[J]. Knowledge-Based Systems, 2010, 23(3): 220-231.

[209] Polkowski L, Skowron A. Rough sets in knowledge discovery 2: applications, case studies and software systems[J]. Physica, 1998.

[210] Leung Y, Wu W Z, Zhang W X. Knowledge acquisition in incomplete information systems: a rough set approach[J]. European Journal of Operational Research, 2006, 168(1): 164-180.

[211] Pandey A, Pardasani K R. Rough set model for discovering multidimensional association rules[J]. IJCSNS, 2009, 9(6): 159.

[212] Liu S, Poon C K. On Mining Proportional Fault-Tolerant Frequent Itemsets[C]. International Conference on Database Systems for Advanced Applications. Springer International Publishing, 2014: 342-356.

[213] Bisaria J, Shrivastava N, Pardasani K R. A rough sets partitioning model for mining sequential patterns with time constraint[J]. Computer Science, 2009,2(1).

[214] Kaneiwa K, Kudo Y. A sequential pattern mining algorithm using rough set theory[J]. International Journal of Approximate Reasoning, 2011, 52(6): 881-893.

[215] Cheng H, Philip S Y, Han J. Approximate frequent itemset mining in the presence of random noise[M]. Springer US, 2008.

[216] Poernomo A K, Gopalkrishnan V. Mining statistical information of frequent fault-tolerant patterns in transactional databases[C]. Seventh IEEE International Conference on Data Mining (ICDM 2007). IEEE, 2007: 272-281.

[217] Riondato M, Debrabant J A, Fonseca R, et al. PARMA: a parallel randomized algorithm for approximate association rules mining in MapReduce[C]. Proceedings of the 21st ACM international conference on Information and knowledge management. ACM, 2012: 85-94.

[218] Cleophas T J, Zwinderman A H. Missing data imputation[M]. Clinical Data Analysis on a Pocket Calculator. Springer International Publishing, 2016.

[219] Lingras P, West C. Interval set clustering of web users with rough k-means[J]. Journal of Intelligent Information Systems, 2004, 23(1): 5-16.

[220] Maji P. Fuzzy—rough supervised attribute clustering algorithm and classification of microarray data[J]. IEEE Transactions on Systems, Man, and Cybernetics, Part B (Cybernetics), 2011, 41(1): 222-233.

[221] Yang G. Computational aspects of mining maximal frequent patterns[J]. Theoretical Computer Science, 2006, 362(1): 63-85.

[222] Pei J, Tung A K H and Han J. Fault-tolerant frequent pattern mining: Problems and challenges[C]. In Workshop on Research Issues in DMKD, 2001.

[223] Borgelt C, Braune C, Kötter T, et al. New algorithms for finding approximate frequent item sets[J]. Soft Computing, 2012, 16(5): 903-917.

[224] Koh J L, Yo P W. An efficient approach for mining fault-tolerant frequent patterns based on bit vector representations. Database Systems for Advanced Applications [C]. Springer Berlin Heidelberg, 2005: 568-575.

[225] Gupta R, Fang G, Field B, et al. Quantitative evaluation of approximate frequent pattern mining algorithms[C]. Proceedings of the 14th ACM SIGKDD international conference on Knowledge discovery and data mining. ACM, 2008: 301-309.

[226] Cheng H, Philip S Y, Han J. AC-Close: Efficiently mining approximate closed itemsets by core pattern recovery[C]. Sixth International Conference on Data Mining (ICDM'06). IEEE, 2006: 839-844.

[227] Poernomo A K, Gopalkrishnan V. Towards efficient mining of proportional fault-tolerant frequent itemsets [C]. Proceedings of the 15th ACM SIGKDD international conference on Knowledge discovery and data mining. ACM, 2009: 697-706.

[228] Liu S, Poon C K. On Mining Proportional Fault-Tolerant Frequent Itemsets[C]. International Conference on Database Systems for Advanced Applications. Springer International Publishing, 2014: 342-356.

[229] Wang X, Borgelt C, Kruse R. Mining fuzzy frequent item sets[C]. Proceedings of the 11th International Conference on Fuzzy Systems Association World Congress. IFSA'05, Beijing, 2005: 528-533.

[230] Borgelt C, Wang X. SaM: A Split and Merge Algorithm for Fuzzy Frequent Item Set Mining [C]. IFSA/EUSFLAT, 2009: 968-973.

[231] Jea K F, Chang M Y. Discovering frequent itemsets by support approximation and itemset clustering[J]. Data & Knowledge Engineering, 2008, 65(1): 90-107.

[232] Savvas I K, Sofianidou G N. A novel near-parallel version of k-means algorithm for n-dimensional data objects using MPI[J]. International Journal of Grid and Utility Computing, 2016, 7(2): 80-91.

[233] Rahman M M, Davis D N. Fuzzy unordered rules induction algorithm used as missing value imputation methods for K-Mean clustering on real cardiovascular data[C]. Proceedings of the World Congress on Engineering. 2012, 1(1): 391-394.

[234] Tsay Y J, Chang-Chien Y W. An efficient cluster and decomposition algorithm for mining association rules[J]. Information Sciences, 2004, 160(1): 161-171.

[235] Zaki M J, Parthasarathy S, Ogihara M, et al. New Algorithms for Fast Discovery of Association

Rules[C]. KDD. 1997, 97: 283-286.

[236] Buist, S. A. and Calverley, P. Global Initiative for Chronic Obstructive Lung Disease [EB/OL]. Avalable online, 2016: http://www.goldcopd.org.

[237] Lin J C W, Gan W, Fournier-Viger P, et al. RWFIM: Recent weighted-frequent itemsets mining[J]. Engineering Applications of Artificial Intelligence, 2015, 45: 18-32.

[238] Ryang H, Yun U. Top-k high utility pattern mining with effective threshold raising strategies[J]. Knowledge-Based Systems, 2015, 76: 109-126.